美体丰乳宜吃的食物

主　编

程朝晖　谢英彪

副主编

郑黎明　白红珍

编著者

吴丹尼　任莉莉　赵洪双

王　敏　杨　珂　韩珈淇

沈红卫　沈婷婷　高　珊

滕　敏

金盾出版社

内 容 提 要

本书根据我国丰富的医药典籍和大量的科研资料，以通俗易懂、深入浅出的语言，介绍了美体丰乳的基础知识及53种确有疗效的天然食物，并运用这些天然食物配制成419个食疗验方和菜肴食谱，包括茶剂、豆奶、汁饮、羹露、饭粥、小吃、凉菜、热菜、菜汤。其内容丰富，科学实用，取材方便，价格低廉，适合广大女性朋友美体丰乳者、医务工作者和餐饮行业人员阅读参考。

图书在版编目(CIP)数据

美体丰乳宜吃的食物/程朝晖，谢英彪主编 .--北京：金盾出版社，2013.5

ISBN978-7-5082-8086-8

Ⅰ.①美… Ⅱ.①程…②谢… Ⅲ.①女性—保健—食谱②乳房—保健—食谱 Ⅳ.①TS972.164

中国版本图书馆 CIP 数据核字(2013)第 017035 号

金盾出版社出版、总发行

北京太平路5号(地铁万寿路站往南)

邮政编码：100036 电话：68214039 83219215

传真：68276683 网址：www.jdcbs.cn

封面印刷：北京凌奇印刷有限责任公司

正文印刷：北京军迪印刷有限责任公司

装订：兴浩装订厂

各地新华书店经销

开本：850×1168 1/32 印张：7.25 字数：181千字

2013年5月第1版第1次印刷

印数：1～6000册 定价：18.00元

拥有一对丰满圆润、高耸白皙、对称而外形漂亮的乳房是女性健康美、青春美、成熟美、自然美的标志。随着时代的发展，社会的进步与开放，当今的人们越来越关注美体健胸丰乳这个话题，昂首挺胸地做女人也成了女性朋友追求的目标。为了乳房的丰满、好看、诱人，首先要保护好女性乳房的“上司”——卵巢，让它在青春期正常地分泌雌激素，并在体内其他激素的共同作用下，促使乳房的正常发育。在此期间，千万不要穿紧身内衣，还应合理使用胸罩，保持心情愉快和良好的体态。不少富含植物性雌激素的摄入，蛋白质食物的补充，适量的脂肪类食物的滋养，可保护乳房发育的营养和补充，使乳房变得丰满好看。为了乳房丰满诱人，您不必上美容院，跑药房、上厨房，更不用挨上几刀，填充容易产生变异反应的填充物。美体丰乳的瓜果蔬菜、水产畜肉、五谷蛋奶，不仅随手可得，俯首皆是，而且可让胸部逐渐地“挺起来”。

为了满足女性朋友企盼乳房丰满好看的愿望，本书从健美学、医学生理学、病理学、营养学入手，首先介绍了有关美体健胸丰乳的基本科学知识，选介了 53 种美体健胸丰乳宜吃的食物。按照茶剂、豆奶、汁饮、羹露、粥饭、小吃、凉菜、热菜、菜汤九大类,分为原料、制作、用法、功效。选介了419个取材方便,制作简单,价廉物美,安全有效的食疗验方,供美体丰乳的女性朋友日常选择食用,以达到美体健胸丰乳的目的。

本书内容实用,文字通俗易懂,深入浅出,是广大女性朋友美体健胸丰乳爱好者的科普读物,也是医学专业、美容专业人士的参考书。

作　者

一、美体丰乳的基础知识

(一)乳房有何特点……………………………………………………(1)
(二)乳房的内部结构是怎样的……………………………………(2)
(三)乳腺发育分为几期……………………………………………(4)
(四)乳房的生长发育过程是怎样的………………………………(5)
(五)乳房有何生理功能……………………………………………(6)
(六)乳房为什么会分泌乳汁………………………………………(6)
(七)青春期乳腺是如何发育的……………………………………(7)
(八)月经周期对乳房有什么影响…………………………………(8)
(九)妊娠期和哺乳期乳房有什么变化……………………………(9)
(十)绝经期和老年期的乳房有何变化 …………………………(10)
(十一)女性各个时期的乳房如何进行保护 ……………………(10)
(十二)影响乳房生理功能的内分泌激素有哪些 ………………(12)
(十三)精神及情感因素会对乳房产生什么影响 ………………(14)
(十四)如何正确选用胸罩 ………………………………………(15)
(十五)束胸束腰有什么害处 ……………………………………(16)
(十六)性爱让乳房更健美吗 ……………………………………(16)
(十七)性冷淡诱发乳房疾病吗 …………………………………(17)
(十八)理想乳房的保养原则是什么 ……………………………(18)
(十九)怎样才能使乳房发育丰满 ………………………………(19)
(二十)如何按摩平坦的乳房 ……………………………………(20)

(二十一)乳头内陷及乳房太小怎么办 …………………… (21)
(二十二)如何做乳房健美操 …………………………… (22)
(二十三)如何做简易乳房健美操及瑜伽功 …………… (23)
(二十四)乳房切除后的心理调适 ……………………… (23)

二、美体丰乳需摄入的食物

(一)猪蹄 ………………………………………………… (25)
(二)猪肝 ………………………………………………… (26)
(三)牛肉 ………………………………………………… (27)
(四)甲鱼 ………………………………………………… (28)
(五)泥鳅 ………………………………………………… (29)
(六)黄鱼 ………………………………………………… (30)
(七)带鱼 ………………………………………………… (30)
(八)牡蛎 ………………………………………………… (31)
(九)蛤蜊 ………………………………………………… (32)
(十)海参 ………………………………………………… (33)
(十一)章鱼 ……………………………………………… (34)
(十二)鱿鱼 ……………………………………………… (34)
(十三)海带 ……………………………………………… (35)
(十四)虾米 ……………………………………………… (36)
(十五)牛奶 ……………………………………………… (37)
(十六)豆浆 ……………………………………………… (38)
(十七)鸡蛋 ……………………………………………… (39)
(十八)木瓜 ……………………………………………… (40)
(十九)桃 ………………………………………………… (40)
(二十)香蕉 ……………………………………………… (41)
(二十一)苹果 …………………………………………… (42)
(二十二)樱桃 …………………………………………… (43)

目　录

(二十三)柿子 …………………………………………… (43)
(二十四)李子 …………………………………………… (44)
(二十五)橄榄 …………………………………………… (45)
(二十六)大枣 …………………………………………… (45)
(二十七)核桃 …………………………………………… (46)
(二十八)桂圆 …………………………………………… (47)
(二十九)花生 …………………………………………… (48)
(三十)莲子 ……………………………………………… (49)
(三十一)芝麻 …………………………………………… (49)
(三十二)枸杞子 ………………………………………… (50)
(三十三)葵花子 ………………………………………… (51)
(三十四)莴苣 …………………………………………… (51)
(三十五)番茄 …………………………………………… (52)
(三十六)茄子 …………………………………………… (54)
(三十七)大蒜 …………………………………………… (54)
(三十八)洋葱 …………………………………………… (55)
(三十九)黄瓜 …………………………………………… (57)
(四十)苦瓜 ……………………………………………… (57)
(四十一)丝瓜 …………………………………………… (58)
(四十二)菜花 …………………………………………… (59)
(四十三)萝卜 …………………………………………… (60)
(四十四)胡萝卜 ………………………………………… (60)
(四十五)山药 …………………………………………… (62)
(四十六)小麦 …………………………………………… (63)
(四十七)玉米 …………………………………………… (63)
(四十八)黄豆 …………………………………………… (64)
(四十九)豌豆 …………………………………………… (65)
(五十)赤小豆 …………………………………………… (67)

(五十一)薏苡仁 …………………………………………………… (67)
(五十二)红薯 ………………………………………………………… (68)
(五十三)马铃薯 ……………………………………………………… (69)

三、美体丰乳的食疗验方

(一)美体丰乳茶剂验方 ……………………………………………… (71)
1. 核桃牛奶茶 ……… (71)
2. 牛奶红茶 ………… (71)
3. 大枣绿茶 ………… (71)
4. 黑芝麻茶 ………… (72)
5. 桃花冬瓜子仁茶 … (72)
6. 香蕉酸奶茶 ……… (72)
7. 柿饼百合枣茶 …… (72)
8. 大枣糖茶 ………… (72)
9. 大枣绿豆茶 ……… (73)
10. 橄榄茶 …………… (73)
11. 莲子茶 …………… (73)
12. 莲心枣仁茶 ……… (73)
13. 莲子葡萄干茶 …… (73)
14. 桂圆大枣茶 ……… (74)
15. 牛骨髓油茶 ……… (74)
16. 豆浆杏仁奶茶 …… (74)
(二)美体丰乳豆奶验方 ……………………………………………… (75)
1. 人造乳 …………… (75)
2. 甜味豆浆 ………… (75)
3. 芝麻豆奶 ………… (75)
4. 白萝卜豆奶 ……… (76)
5. 鲜豆浆 …………… (76)
6. 蜂蜜黑豆浆 ……… (76)
7. 果味豆浆 ………… (76)
8. 胚芽豆奶 ………… (77)
9. 咸豆浆 …………… (77)
10. 银耳豆浆 ………… (78)
11. 豆腐脑 …………… (78)
12. 鸡丝豆腐脑 ……… (79)
13. 核桃仁蛋奶 ……… (79)
14. 三仁豆浆 ………… (79)
15. 冰镇草莓豆浆 …… (80)
16. 牛奶花生酪 ……… (80)
17. 鹌鹑蛋牛奶 ……… (80)
18. 黄豆粉面糊 ……… (80)
19. 盐水黄豆 ………… (81)
20. 糖酥黄豆 ………… (81)
21. 五香黄豆 ………… (81)
22. 五香辣味黄豆 …… (82)
23. 咸酥黄豆 ………… (82)
24. 怪味豆 …………… (82)
25. 药制黑豆 ………… (83)
26. 腊八豆 …………… (83)

目 录

(三)美体丰乳汁饮验方 …………………………………………… (83)

1. 牛奶蛋黄果汁 …… (83)
2. 牛奶葡萄汁 ……… (84)
3. 牛奶甜瓜汁 ……… (84)
4. 刺梨奶蛋蜜汁 …… (84)
5. 杏仁牛奶汁 ……… (84)
6. 冷牛奶咖啡 ……… (85)
7. 绿色豆汁 ………… (85)
8. 花生豆汁 ………… (85)
9. 木瓜牛奶汁 ……… (86)
10. 鲜桃子汁 ………… (86)
11. 蛋奶橙子汁 ……… (86)
12. 鹿胶牛奶汁 ……… (86)
13. 豆浆芹菜西瓜汁 … (87)
14. 豆浆西瓜皮汁 …… (87)
15. 香蕉茶汁 ………… (87)
16. 李子苹果汁 ……… (87)
17. 奶味香蕉汁 ……… (88)
18. 苹果枸杞叶蜜汁 … (88)
19. 樱桃汁 …………… (88)
20. 苹果乳蛋蜜汁……… (88)
21. 核桃仁黄酒汁……… (89)
22. 花生冰激凌 ……… (89)
23. 柿饼山药饮 ……… (89)
24. 香菇大枣牛奶饮 ………………… (89)
25. 芝麻杏仁饮 ……… (90)
26. 豆浆二皮饮 ……… (90)
27. 豆浆葡萄干姜汁饮 …………… (90)
28. 豆浆核桃山楂饮 … (90)
29. 豆浆雪梨百合饮 … (91)
30. 豆浆核桃仁大枣饮 …………… (91)
31. 莲子鲜奶饮 ……… (91)
32. 柿子汁牛奶饮……… (92)
33. 橄榄白萝卜饮……… (92)

(四)美体丰乳羹露验方 ……………………………………………… (92)

1. 牛奶杏仁露 ………… (92)
2. 牛奶珍珠鲜果露 …… (92)
3. 牛奶荸荠花生露 …… (93)
4. 姜韭牛奶羹 ………… (93)
5. 八宝莲羹 …………… (93)
6. 荔枝桂圆羹 ………… (94)
7. 枸杞子鱼鳔羹 ……… (94)
8. 姜椒鲫鱼羹 ………… (94)
9. 太子参银耳羹 ……… (94)
10. 羊肉牛奶山药羹 … (95)
11. 牛奶芝麻蜂蜜羹 … (95)
12. 牛奶香蕉羹 ……… (95)
13. 黄芪姜枣蜂蜜羹 … (95)
14. 樱桃三豆羹 ……… (96)
15. 香蕉羹 …………… (96)
16. 奶味豆浆羹 ……… (96)

17. 牛肉末豆腐羹 …… (96)
18. 香菇海参羹 ……… (97)
19. 香菇豆腐羹 ……… (97)
20. 银鱼海带羹 ……… (97)
21. 海参黄鱼羹 ……… (98)
22. 虾仁羊肉羹 ……… (98)
23. 海参虾仁猪肉羹 … (98)
24. 猪脊骨羹 ………… (99)
25. 猪脊髓羹 ………… (99)
26. 山药羊髓羹……… (99)
27. 猪皮大枣羹 …… (100)
28. 萝卜排骨羹 …… (100)
29. 猪肉鳝鱼羹 …… (100)
30. 猪蹄羹 ………… (101)
31. 芝麻栗子羹 …… (101)

(五)美体丰乳饭粥验方……………………………… (101)

1. 麦片牛奶粥 ……… (101)
2. 牛奶苹果粥 ……… (102)
3. 莲子大枣山药糯米粥 ………… (102)
4. 牛奶枣粥 ………… (102)
5. 豆浆粟米粥 ……… (102)
6. 黄豆粥 …………… (103)
7. 腐竹豌豆粥 ……… (103)
8. 荞麦绿豆粥 ……… (103)
9. 豆浆粳米粥 ……… (104)
10. 猪骨腐竹粥 …… (104)
11. 黑豆大枣粥 …… (104)
12. 红豆花生粥 …… (104)
13. 核桃仁大枣粥 … (105)
14. 八宝粥 ………… (105)
15. 香菇火腿肉粥 … (105)
16. 香菇干贝粥 …… (105)
17. 虾皮菠菜粥 …… (106)
18. 蚌肉秫米粥 …… (106)
19. 银鱼羊肉糯米粥 ………… (106)
20. 鲜虾干贝粥 …… (107)
21. 海参粳米粥 …… (107)
22. 蟹肉莲藕粥 …… (107)
23. 干贝鸡肉秫米粥 ………… (108)
24. 羊脊骨粥 ……… (108)
25. 山药羊肉粥 …… (109)
26. 芝麻桃仁粥 …… (109)
27. 糯米大枣羊骨粥 ………… (109)
28. 鸡肉麦仁粥 …… (109)
29. 葱白鸡粥 ……… (110)
30. 牛肉麦仁粥 …… (110)
31. 猪肝绿豆粥 …… (110)
32. 骨髓芝麻粥 …… (111)
33. 甲鱼猪肚粥 …… (111)
34. 牡蛎芹菜粥 …… (111)

35. 牛奶梨片粥 …… (112)
36. 豆浆玉米粥 …… (112)
37. 豆浆薏苡仁粥 … (112)
38. 豆浆南瓜粥 …… (113)
39. 豆浆小米桂圆粥 ………… (113)
40. 豆浆海带粥 …… (113)
41. 橄榄萝卜粥 …… (113)
42. 桂圆桑椹粥 …… (114)
43. 桑椹葡萄干粥 … (114)
44. 脊髓五味粥 …… (114)
45. 核桃仁乌鸡粥 … (115)
46. 八宝大枣粥 …… (115)
47. 羊骨汤大枣粥…… (116)
48. 枸杞叶羊肉粥 … (116)
49. 花生大枣黑米粥 ………… (116)
50. 腊八粥 ………… (116)
51. 花生猪骨粥 …… (117)
52. 葛根粉粥 ……… (117)
53. 大枣桑椹粥 …… (117)
54. 鹿茸粉粥 ……… (117)
55. 绿豆葛根粥 …… (118)
56. 山药猪肚粥 …… (118)
57. 泥鳅粥 ………… (118)
58. 桂花赤小豆粥 … (119)
59. 平菇黑米饭 …… (119)
60. 平菇什锦饭 …… (119)
61. 鲜虾饭 ………… (119)
62. 金银饭 ………… (120)
63. 茄汁豌豆炒饭 … (120)
64. 肉丁豌豆饭 …… (121)
65. 大枣白鸽饭 …… (121)
66. 大枣猕猴桃饭 … (121)
67. 牛奶大米饭 …… (122)
68. 蛋皮什锦饭 …… (122)
69. 豆浆什锦饭 …… (122)
(六)美体丰乳小吃验方 ………………………………… (123)
1. 牛奶鸡蛋糕 ……… (123)
2. 烤椰汁软糕 ……… (123)
3. 牛奶杏仁糕 ……… (124)
4. 牛奶煎肉饺 ……… (124)
5. 五丁饺 …………… (124)
6. 香菇猪肉饺 ……… (125)
7. 枸杞虾米饺 ……… (125)
8. 五子登科饺 ……… (126)
9. 松子仁肉饺 ……… (127)
10. 草菇羊肉饺 …… (127)
11. 核桃仁薄荷饺 … (127)
12. 牡蛎水饺 ……… (128)
13. 青梅核桃仁饺 … (128)
14. 五仁蒸饺 ……… (129)
15. 芝麻酱蒸饺 …… (129)
16. 龙宫探宝饺 …… (130)

17. 三鲜蒸饺 ……… (130)
18. 干贝牛肉饺 …… (131)
19. 海米水饺 ……… (131)
20. 虾仁肉丁蒸饺 … (132)
21. 乌龙蛋清饺 …… (132)
22. 海参蒸饺 ……… (133)
23. 白菜牡蛎水饺 … (133)
24. 蛤蜊蒸饺 ……… (134)
25. 豆腐鸡蛋汤面 … (134)
26. 口蘑鸡蛋汤面 … (135)
27. 虾仁紫菜汤面 … (135)
28. 海米菜花汤面 … (135)
29. 虾仁鳝鱼汤面 … (136)
30. 海参炒面 ……… (136)
31. 虾酱抻面 ……… (137)
32. 鲜虾肉炸面条 … (137)
33. 酸奶薄煎饼 …… (137)
34. 核桃豆腐饼 …… (138)
35. 美味虾饼 ……… (138)
36. 猪肉蛋黄虾饼 … (139)
37. 翡翠虾饼 ……… (139)
38. 红豆馅烤饼 …… (140)
39. 黄豆粉鸡蛋饼 … (140)
40. 蘑菇鸡蛋饼 …… (140)
41. 牛奶烧饼 ……… (141)
42. 芝麻肝饼 ……… (141)
43. 豆浆核桃仁鸡蛋饼 ………… (141)
44. 枣泥蒸饼 ……… (142)
45. 蜜汁山药饼 …… (142)
46. 豆腐粉丝锅贴 … (143)
47. 香菇海参包 …… (143)
48. 香菇肉包 ……… (143)
49. 莲枣包子 ……… (144)
50. 蘑菇肉包 ……… (144)
51. 什锦素包 ……… (145)
52. 四仁包子 ……… (145)
53. 松子仁豆沙包 … (146)
54. 枣泥包 ………… (146)
55. 苹果牛奶春卷 … (146)
56. 豆腐面粉卷 …… (147)
57. 鱿鱼春卷 ……… (147)
58. 鸡蛋牛奶面包 … (148)
59. 猪蹄芝麻糊 …… (148)
60. 牛奶冲鸡蛋 …… (148)
61. 补髓蜜膏 ……… (148)
62. 芝麻粽子 ……… (149)
63. 黑芝麻四合泥 … (149)
64. 酸甜牛奶花生酪 ………… (150)
65. 酸奶什锦果 …… (150)
66. 蜜汁枣莲 ……… (150)
67. 蜜桃冻 ………… (151)
68. 樱桃冻 ………… (151)
69. 豆腐花生仁 ……(151)

(七)美体丰乳凉菜验方……………………………………………………(152)
1. 小葱拌豆腐………(152)
2. 香菜拌豆腐………(152)
3. 鱼松拌豆腐………(152)
4. 莴苣火腿肉拌豆腐…………(153)
5. 黄瓜红油拌豆腐……………(153)
6. 枸杞子拌豆腐……(153)
7. 豆腐拌皮蛋………(153)
8. 肉末拌豆腐………(154)
9. 甜面酱豆腐………(154)
10. 虾仁拌豆腐 ……(154)
11. 海蜇皮拌虾仁 …(155)
12. 拌麻辣猪皮丝 …(155)
13. 凉拌牛蹄筋 ……(155)
14. 猪皮羊肉冻 ……(156)
15. 猪皮芝麻冻 ……(156)
16. 姜醋猪肉皮 ……(156)
17. 凉拌双鲜 ………(157)
18. 拌猪肝菠菜 ……(157)
19. 芝麻鸭肝 ………(157)
20. 拌首乌鸡丝 ……(158)
21. 拌三鲜 …………(158)
22. 莴苣拌花生 ……(158)
23. 茶叶鸽蛋 ………(159)
24. 蜂乳番茄 ………(159)
25. 凉拌山药丝 ……(159)
26. 排骨香菜冻 ……(160)
27. 桂花核桃仁冻 …(160)
28. 樱桃杏仁冻 ……(160)
29. 莲蓉冰冻 ………(161)
30. 海带丝肉冻 ……(161)
31. 香椿豆腐卷 ……(161)
32. 豆腐蟹肉卷 ……(162)
(八)美体丰乳热菜验方……………………………………………………(162)
1. 奶汁冬瓜…………(162)
2. 牛奶萝卜…………(162)
3. 奶汁洋葱头………(163)
4. 牛奶茄子…………(163)
5. 牛奶花菜…………(164)
6. 牛奶菠菜…………(164)
7. 酸奶芝麻茄子……(164)
8. 牛奶白菜头………(165)
9. 鲜奶萝卜球………(165)
10. 大枣煲猪蹄 ……(165)
11. 奶汤核桃仁 ……(166)
12. 豆腐狮子头 ……(166)
13. 葡萄鱼 …………(167)
14. 橘子奶豆腐 ……(168)
15. 奶油卷心菜 ……(168)
16. 牛奶炒蛋清 ……(168)
17. 蛋奶虾球 ………(169)
18. 虾蟹鲜奶 ………(169)

19. 蛋肉鲍鱼 ……… (170)
20. 枸杞虾仁 ……… (170)
21. 板栗烧鲤鱼 …… (170)
22. 百合桂圆煲鸡蛋 ………… (171)
23. 冰糖蛤士蟆油 … (171)
24. 枸杞海参鸽蛋 … (171)
25. 八宝鸽子 ……… (172)
26. 百合熘鱼片 …… (172)
27. 参杞鸡腿 ……… (173)
28. 豉汁蒸排骨 …… (173)
29. 海带牡蛎鸡蛋 … (174)
30. 鸭蛋黄拌豆腐 … (174)
31. 鱼虾杂烩 ……… (174)
32. 海鲜什锦 ……… (175)
33. 猪脊髓焖油菜心 ………… (175)
34. 芝麻蛋黄虾仁 … (176)
35. 芝麻鱼饼 ……… (176)
36. 参精鹌鹑蛋 …… (177)
37. 太子参炖乌鸡 … (177)
38. 丁香鸡翅 ……… (177)
39. 桂皮香酥鸡 …… (178)
40. 汽锅乳鸽 ……… (178)
41. 清蒸白参甲鱼 … (178)
42. 清蒸山药鸭 …… (179)
43. 核桃杞子鹌鹑蛋 ………… (179)
44. 三鲜鸡蛋豆腐 … (180)
45. 鸡蛋煨泥鳅 …… (180)
46. 六味豆腐 ……… (180)
47. 枣泥豆腐 ……… (181)
48. 凤眼豆腐 ……… (181)
49. 海棠豆腐 ……… (181)
50. 四喜豆腐 ……… (182)
51. 洋葱豆腐 ……… (182)
52. 麻辣豆腐肉末 … (183)
53. 瘦肉猪血豆腐 … (183)
54. 扇贝蒸豆腐 …… (184)
55. 鱼片熘豆腐 …… (184)
56. 花生仁豆腐 …… (184)
57. 鸳鸯豆腐 ……… (185)
58. 双虾豆腐 ……… (185)
59. 海带豆腐 ……… (185)
60. 桂花肘 ………… (186)
61. 参乌黄鳝 ……… (186)
62. 豉汁牛蛙 ……… (187)
63. 枸杞滑熘里脊片 ………… (187)
64. 香椿豆腐煲 …… (187)
65. 松子腐皮卷 …… (188)
66. 山楂排骨 ……… (188)
67. 松仁香菇 ……… (189)
68. 酸梅肉排 ……… (189)
69. 酱爆鸭丁 ……… (189)
70. 美味豆腐 ……… (190)

71. 扁豆烧豆腐 …… (190)
72. 甲鱼腐竹煲 …… (191)
73. 素海参 ………… (191)
74. 口蘑烩牛脊髓 … (191)
75. 核桃煲瘦肉 …… (192)
76. 杏干猪肉 ……… (192)
77. 山药杞枣炖牛肉 ………… (192)
78. 猪肉皮烧白菜…… (193)
79. 八宝全鸭 ……… (193)
80. 龙眼纸包鸡 …… (194)
81. 菊花煲鸡丝 …… (194)
82. 鲜奶哈士蟆油 … (195)
83. 桂圆肉饼 ……… (195)
84. 枸杞鸡卷 ……… (195)
85. 桂圆葡萄纸包鸡 ………… (196)
86. 五圆全鸡 ……… (196)
87. 栗子炖猪蹄 …… (196)
88. 冰糖蹄膀 ……… (197)
89. 虫草山药牛骨髓 ………… (197)
90. 蚝油牛筋煲 …… (197)
91. 烩猪皮 ………… (198)
(九)美体丰乳菜汤验方……………………………………… (198)
1. 海参奶汤 ………… (198)
2. 鲢鱼奶汤 ………… (199)
3. 泥鳅虾肉汤 ……… (199)
4. 牛蹄筋汤 ………… (200)
5. 鳝鱼蹄筋汤 ……… (200)
6. 菜豆猪皮汤 ……… (200)
7. 黄豆排骨汤 ……… (200)
8. 黑豆大枣猪尾汤 … (201)
9. 补髓汤 …………… (201)
10. 羊骨核桃汤 …… (202)
11. 羊肉虾米汤 …… (202)
12. 桑椹乌骨鸡汤 … (202)
13. 枸杞海参鸽蛋汤 … (202)
14. 虫草鸽肉汤 …… (203)
15. 参枣老鸽汤 …… (203)
16. 鹿茸鸡汤 ……… (203)
17. 养血丰乳汤 …… (203)
18. 兔肉紫菜豆腐汤 ………… (204)
19. 黄豆干贝兔肉汤 ………… (204)
20. 珍珠汤 ………… (204)
21. 虾仁疙瘩汤 …… (205)
22. 牛奶鸡蛋汤 …… (205)
23. 海带牡蛎汤 …… (206)
24. 三鲜鱿鱼汤 …… (206)
25. 章鱼木瓜汤 …… (207)
26. 瘦肉海参汤 …… (207)
27. 蛤士蟆油火腿汤 ………… (207)

28. 蛤士蟆油莲子汤 …………(207)
29. 鸭肉海参汤 ……(208)
30. 白术鲈鱼汤 ……(208)
31. 参杞鹌鹑汤 ……(208)
32. 泥鳅牡蛎汤 ……(209)
33. 泥鳅大枣汤 ……(209)
34. 泥鳅山药汤 ……(209)
35. 双耳甲鱼汤 ……(209)
36. 牛肉大枣汤 ……(210)
37. 猪蹄香菇汤 ……(210)
38. 枸杞甲鱼汤 ……(210)
39. 灵芝河蚌冰糖汤 …………(211)
40. 墨鱼猪蹄汤 ……(211)
41. 木瓜绿豆汤 ……(211)
42. 三七木瓜猪蹄汤 …………(212)
43. 豆浆芒果鸡蛋汤 …………(212)
44. 甲鱼羊肉汤 ……(212)
45. 蚬肉鸡蛋汤 ……(213)
46. 鲍鱼鸡蛋汤 ……(213)
47. 四仁蛋汤 ………(213)
48. 鸡蛋豆腐汤 ……(214)
49. 大枣羊肉汤 ……(214)
50. 花生猪尾汤 ……(214)
51. 赤小豆冬瓜乌龟汤 …………(215)
52. 赤小豆乌鸡汤 …(215)

一、美体丰乳的基础知识

每一位女性都向往拥有健美、丰满的乳房，而高耸的富有弹性的乳房是成熟女性健康美丽的象征。爱美的女性总是千方百计让乳房保持优美的形态，若骨瘦如柴，乳房过小，不但影响身体健康，也影响美乳和性感。促使乳房丰满健美的方法很多，涉及乳房保健的各个方面及乳房疾病的防治，而合理的饮食结构、科学的营养及有针对性的食疗方法是一种重要的方法。在我们寻常人家的厨房里经常用的植物油、蔬菜类、畜肉类、家禽类、果品类（包括干果）、粮食类、蛋乳类及一些药食两用的品种便是理想的丰乳剂，如果把握好食用的时机与方法，就能达到丰满健美乳房的目的。

（一）乳房有何特点

乳房是哺乳动物所具有的，成年女性的乳房是人体最大的皮肤腺。乳房除有泌乳功能外，还是一个性欲发生区。故现代人对乳房的要求是既要有外在的美，又要有其良好功能。

乳房位于两侧胸部胸大肌的前方，其位置亦与年龄、体型及乳房发育程度有关。成年女性的乳房一般位于胸前的第二至六肋骨之间，内缘近胸骨旁，外缘达腋前线，乳房肥大时可达腋中线。乳房外上极狭长的部分形成乳房腋尾部伸向腋窝。青年女性乳头一般位于第四肋间或第五肋间水平、锁骨中线外 1 厘米；中年女性乳头位于第六肋间水平、锁骨中线外 1～2 厘米。

乳房的形态可因种族、遗传、年龄、哺乳等因素而差异较大。我国成年女性的乳房一般呈半球形或圆锥形，两侧基本对称，哺乳后有一定程度的下垂或略呈扁平。老年妇女的乳房常萎缩下垂且

较松软。乳房的中心部位是乳头。正常乳头呈筒状或圆锥状，两侧对称，表面呈粉红色或棕色。乳头直径为0.8～1.5厘米，其上有许多小窝，为输乳管开口。乳头周围皮肤色素沉着较深的环形区是乳晕。乳晕的直径3～4厘米，色泽各异，青春期呈玫瑰红色，妊娠期、哺乳期色素沉着加深，呈深褐色。乳房部的皮肤在腺体周围较厚，在乳头、乳晕处较薄。有时可透过皮肤看到皮下浅静脉。

由于乳房的形态和位置存在着较大的个体差异，女性乳房的发育还受年龄及各种不同生理时期等因素的影响。因此，应避免将属于正常范围的乳房形态及位置看作是病态，从而产生不必要的思想负担。

（二）乳房的内部结构是怎样的

乳房主要由腺体、导管、脂肪组织和纤维组织等构成。其内部结构犹如一棵倒着生长的小树。

乳房腺体由15～20个腺叶组成，每一腺叶分成若干个腺小叶，每一腺小叶又由10～100个腺泡组成。这些腺泡紧密地排列在小乳管周围，腺泡的开口与小乳管相连。多个小乳管汇集成小叶间乳管，多个小叶间乳管再进一步汇集成一根整个腺叶的乳腺导管，又名输乳管。输乳管共15～20根，以乳头为中心呈放射状排列，汇集于乳晕，开口于乳头，称为输乳孔。输乳管在乳头处较为狭窄，继之膨大为壶腹，称为输乳管窦，有储存乳汁的作用。乳腺导管开口处为复层鳞状上皮细胞，狭窄处为移行上皮，壶腹以下各级导管为双层柱状上皮或单层柱状上皮，终末导管近腺泡处为立方上皮，腺泡内衬立方上皮。

乳头表面覆盖复层鳞状角质上皮，上皮质很薄。乳头由致密的结缔组织及平滑肌组成。平滑肌呈环行或放射状排列，当有机械刺激时，平滑肌收缩，可使乳头勃起，并挤压导管及输乳窦排出其内容物。乳晕部皮肤有毛发和腺体。腺体有汗腺、皮脂腺及乳

腺。其皮脂腺又称乳晕腺，较大而表浅，分泌物具有保护皮肤、润滑乳头及婴儿口唇的作用。

乳房内的脂肪组织呈囊状包于乳腺周围，形成一个半球形的整体，这层囊状的脂肪组织称为脂肪囊。脂肪囊的厚薄可因年龄、生育等原因个体差异很大。脂肪组织的多少是决定乳房大小的重要因素之一。

乳腺位于皮下浅筋膜的浅层与深层之间。浅筋膜伸向乳腺组织内形成条索状的小叶间隔，一端连于胸肌筋膜，另一端连于皮肤，将乳腺腺体固定在胸部的皮下组织之中。这些起支持作用和固定乳房位置的纤维结缔组织称为乳房悬韧带。浅筋膜深层位于乳腺的深面，与胸大肌筋膜浅层之间有疏松组织相连，称乳房后间隙。它可使乳房既相对固定，又能在胸壁上有一定的移动性。有时，部分乳腺腺体可穿过疏松组织而深入到胸大肌浅层，因此做乳腺癌根治术时，应将胸大肌筋膜及肌肉一并切除。

乳房大部分位于胸大肌表面，其深面外侧位于前锯肌表面，内侧与下部位于腹外斜肌与腹直肌筋膜表面。

除以上结构外，乳房还分布着丰富的血管、淋巴管及神经，对乳腺起到营养作用及维持新陈代谢作用，并具有重要的外科学意义。乳房的动脉供应主要来自：腋动脉的分支、胸廓内动脉的肋间分支及降主动脉的肋间血管穿支。乳房的静脉回流分深、浅两组：浅静脉分布在乳房皮下，多汇集到内乳静脉及颈前静脉；深静脉分别注入胸廓内静脉、肋间静脉及腋静脉各属支，然后汇入无名静脉、奇静脉、半奇静脉、腋静脉等。当发生乳腺癌血行转移时，进入血行的癌细胞或癌栓可通过以上途径进入上腔静脉，发生肺或其他部位的转移；亦可经肋间静脉进入脊椎静脉丛，发生骨骼或中枢神经系统的转移。乳房的淋巴引流主要有以下途径：腋窝淋巴结、内乳淋巴结、锁骨下/上淋巴结、腹壁淋巴管及两乳皮下淋巴网的交通。其中，最重要的是腋窝淋巴结和内乳淋巴结，它们是乳腺癌

淋巴转移的第一站。乳房的神经由第二至六肋间神经皮肤侧支及颈丛 3～4 支支配。除感觉神经外，尚有交感神经纤维随血管走行分布于乳头、乳晕和乳腺组织。乳头、乳晕处的神经末梢丰富，感觉敏锐，发生乳头皲裂时，疼痛剧烈。此外，在行乳腺癌根治术时，还需涉及臂丛神经、胸背神经及胸长神经的解剖。

(三)乳腺发育分为几期

人的乳腺发育可分为胚胎期、幼儿期、青春期、妊娠期、哺乳期、绝经期和老年期乳腺。

(1)胚胎期乳腺：人类乳腺的腺体来源于外胚层，在胚胎第六周时，于胚胎腹面，从腋下到腹股沟有 6～8 对乳腺始基形成 2 条带状“乳线”。在胚胎第九周时，位于锁骨中线第五肋间的一对乳腺始基能保留并得到发展外，其余均退化。

(2)幼儿期乳腺：包括新生儿和婴幼儿两个阶段。新生儿期：不论男女，由于母体的雌激素进入婴儿体内，约 60％的初生儿乳腺有某种程度的生理活动。表现为乳腺肿胀、硬结，乳头可有乳汁样分泌物。一般在出生后 3～4 天出现，1～3 周后逐渐消失。称为生理性乳腺肥大。镜下所见为乳腺增生样改变。婴幼儿期：婴幼儿期乳腺为静止状态。在幼年时乳腺仅含有短的分支形的导管，它随着全身的生长发育而生成。

(3)青春期乳腺：由于卵巢分泌大量的雌激素，加速了乳腺的发育，尤其是导管系统增长，脂肪沉着于乳腺，后者是青春期乳房增大的主要原因。

(4)妊娠期乳腺：导管进一步增长，其末端形成一些腺泡，成为复杂的管泡腺。妊娠末期，腺泡逐渐膨大，终于发育完全，准备哺乳。

(5)哺乳期乳腺：虽然孕中期乳腺已有分泌功能，但是正式泌乳开始在产后 3～4 天。分娩后，雌激素、孕激素水平下降，而催乳

素作用相应增强，再由婴儿吸吮产生反射，催乳素分泌大大增多。在催乳素的作用下，已经充分发育成熟的乳腺小叶开始持续性分泌乳汁。哺乳期乳腺小叶和乳管除分泌乳汁的功能外，尚有贮藏乳汁的功能。

(6)绝经期乳腺：闭经前若干年，乳腺即全面开始萎缩，腺体缩小。但此时因脂肪组织增厚，乳腺体积反而增大。

(7)老年期乳腺：妇女 50 岁以后，乳管周围的软组织增多，并时有钙化现象，小乳管和血管逐渐硬化闭塞。

(四)乳房的生长发育过程是怎样的

女性的乳房，都经历婴幼儿时期→少儿期→青春期→月经期→妊娠期→哺育期→更年期→绝经期后的演变过程，从生长发育到退化萎缩，历经几十年的时间。

乳房从胚胎发育到儿童期，男女两性之间没有什么差别。婴儿在出生后 3～4 天，其乳房往往有一定的增生现象和分泌功能，乳房会略见增大，有少量乳汁分泌，这是由于在分娩前母体的生理激素进入婴儿血液循环的缘故，属正常反应。5～7 天后，乳房会恢复到静止状态。女性乳房一般从 11～15 岁开始发育，15 岁后进入乳腺发育最旺盛的青春发育期，乳房及乳头、乳晕逐渐增大，双侧或单侧乳头下出现盘状物，乳头、乳晕开始着色并逐渐加深，乳房逐渐发育成匀称的圆锥形。

乳房的发育过程主要是受到卵巢和垂体前叶激素的影响，其中最主要的是卵巢分泌的雌激素的作用，能导致乳腺组织的增生。在雌激素和月经前分泌的黄体素的联合作用下，乳腺才得到充分的发育。当然，在乳房发育过程中，还需胰岛素、肾上腺素、催乳素乃至甲状腺素的参与，才能保障乳房的正常发育。

乳房的生长发育需要有各种激素的参与和相互平衡，因此仅靠片面地采用外部刺激乳房以期达到丰乳效果是不科学的，也是

不可能的。

(五)乳房有何生理功能

(1)哺乳:哺乳是乳房最基本的生理功能。乳房是哺乳动物所特有的哺育后代的器官,乳腺的发育、成熟,均是为哺乳活动做准备。在产后大量激素的作用及婴儿的吸吮刺激下,乳房开始规律地产生并排出乳汁,供婴儿成长发育所需。

(2)第二性征:乳房是女性第二性征的重要标志。一般来说,乳房在月经初潮之前 2～3 年即已开始发育,也就是说在 10 岁左右就已经开始生长,是最早出现的第二性征,是女孩青春期开始的标志。拥有一对丰满、对称而外形漂亮的乳房也是女性健美的标志。不少女性因为对自己乳房各种各样的不满意而寻求做整形手术或佩戴假体,特别是那些由于乳腺癌手术而不得不切除掉患侧乳房者。这正是因为每一位女性都希望能够拥有完整而漂亮的乳房,以展示自己女性的魅力。因此,可以说乳房是女性形体美的一个重要组成部分。

(3)参与性活动:在性活动中,乳房是女性除生殖器以外最敏感的器官。在触摸、爱抚、亲吻等性刺激时,乳房的反应可表现为:乳头勃起,乳房表面静脉充血,乳房胀满及增大等。随着性刺激的加大,这种反应也会加强,至性高潮来临时,这些变化达到顶点,消退期则逐渐恢复正常。因此,可以说乳房在整个性活动中占有重要地位。对于那些新婚夫妇及那些性生活不和谐者尤其重要的是,了解乳房在性生活中的重要性,会帮助您获得完美、和谐的性生活。无论是在性欲唤起阶段还是在性兴奋已来临之时,轻柔地抚弄、亲吻乳房均可以刺激性欲,使性兴奋感不断增强,直至达到高潮。

(六)乳房为什么会分泌乳汁

人类的乳房实际上是一个大的内分泌腺,这个腺体平时是不

分泌乳汁的。从未生育过的女子,其乳腺处在非活动的状态下,如果用负压抽吸这个乳房,有时也有若干液体流出,但它和真正的泌乳不同,仅仅是一些组织液而已。人的乳房内有 18 个分叶和一组乳腺管系统,它们被脂肪和结缔组织所包围。乳房的大小主要与乳房中脂肪含量多少有关,所以乳房大小并不代表泌乳能力的大小,如有的女性乳房小而较平,却具有很强的泌乳能力。乳房的形态与种族不同有关,但并不影响乳汁分泌。

女性到青春期时,由于内分泌系统的发育成熟,开始出现月经,乳房、乳头会明显地增大,脂肪和结缔组织增加;在怀孕期,孕妇乳房的腺体、腺管极快地增加,分支增多,乳头的长度和外突度增加。这种改变是受孕期激素的影响,主要是雌激素、黄体酮、催乳素等的影响,在孕期最后 3 个月,有的女性已有初乳分泌。分娩后,胎盘排出,雌激素分泌急剧减少,而催乳素分泌增多,加上婴儿吸吮奶头的刺激,乳汁即源源不断地产生,供新生儿吸食。乳房泌乳量受母亲心理因素的影响。一些乳母听到孩子的声音,嗅到孩子的气味或见到孩子,会瞬间出现乳房皮肤温度升高,乳头勃起,乳胀等现象,甚至出现射奶,这叫泌乳反射;但有的乳母受不良心理因素的影响,对给孩子喂奶惶恐不安,泌乳反射则受到抑制,或出现不泌乳的结果。

(七)青春期乳腺是如何发育的

青春期,亦称青春发动期,为性变化开始到成熟的阶段,历时 4 年左右。女性乳房在青春期前是处于静止状态的。乳房发育是女性第二性征成熟的一个信号。我国少女的月经一般在 14 岁前后来潮,在卵巢分泌雌激素的影响下,乳房明显发育。发育时,先是乳头隆起,乳头乳晕着色加深,以后乳头下可触及盘状物,腺体相继增大。此时,腺管及腺泡出现活跃的生理改变,乳房周围有纤维组织增生及脂肪沉积,乳房逐渐丰满、隆起。一般 16~18 岁乳

房发育成熟,22 岁停止发育。上述变化都是在内分泌控制下进行的,若雌激素刺激过强,乳腺组织反应又特别敏感,乳腺就可能全面肥大,若刺激和反应不均衡而局限于一处,就可能出现乳腺纤维腺瘤。

乳房发育良好,胸部丰满并非不雅。乳房发育良好是身体健康的表现,是值得庆贺的好事。做母亲的应及时向女儿解释穿胸罩的优点,并教女儿如何选择使用胸罩来保护乳房的发育,这样女儿便不会因为乳房的发育而感到难为情,并及时佩戴合适的胸罩。

(八)月经周期对乳房有什么影响

在月经期乳房表面上看不见什么变化,但乳腺组织却和子宫内膜一样随着月经来潮呈周期性变化。在月经来潮前 3～4 天,体内雌激素和孕激素水平明显增高,在这些激素影响下,乳腺组织活跃增生,腺泡形成,导管上皮明显增生,导管末端扩张并出现分泌物质存留,加上腺体间质充血水肿,因此乳房明显增大、发胀,并出现疼痛。这种情况一般无需处理,待月经来潮过后疼痛即减轻,直至消失。一般月经过后的 7～8 天,末端乳管及小叶即明显退化,趋向复原。腺泡上皮及分泌物消失,小乳管萎缩、上皮脱落、乳腺组织水肿被吸收,乳腺变小变软,直至复原。上述乳腺由增生到复原的改变因人而异,有的腺小叶在月经周期中,仍保持静止状态,也有的在增生后不完全复原,这就可能形成临床上所称的乳腺增生症。

乳腺是雌激素的靶器官,因此在月经周期过程中,乳腺腺体组织随月经周期不同阶段不同激素的变化而发生相应的变化。在月经周期的前半期,受卵泡刺激素的影响,卵泡逐渐成熟,雌激素的水平逐渐升高,乳腺出现增殖样的变化,表现为乳腺导管伸展、上皮增生、腺泡变大、腺管管腔扩大、管周组织水肿、血管增多、组织充血。排卵以后,孕激素水平升高,同时,催乳素也增加。到月经

来潮前 3～4 天，小叶内导管上皮细胞肥大，叶间和末梢导管内分泌物亦增多。因此，月经前可感到乳房部位不适、发胀、乳房变大、紧张而坚实，甚至有不同程度的疼痛和触痛，且有块状物触及。月经来潮后，雌激素和孕激素水平迅速降低，雌激素对乳腺的刺激减弱，乳腺出现了复旧的变化，乳腺导管上皮细胞分泌减少，细胞萎缩、脱落，水肿消退，乳腺小叶及腺泡的体积缩小。这时，乳房变小变软，疼痛和触痛消失，块状物也缩小或消失。数日后，随着下一个月经周期的开始，乳腺又进入了增殖期的变化。月经周期的无数次重复，使乳腺总是处于这种增殖与复旧、再增殖再复旧的周期性变化之中。

（九）妊娠期和哺乳期乳房有什么变化

现代的女性，婚育期实行计划生育，都可以生 1～2 胎，也能够让乳房在妊娠及哺乳期发挥其应有的哺乳功能。在这两个特殊时期，乳房会出现一些特殊的生理症状。

妊娠期乳腺的变化一般从妊娠后第八周起，乳房受黄体酮和雌激素的作用，乳腺开始增生，腺管伸长，第 4～5 个月时更为显著，乳腺明显增生，乳房整个体积增大，硬度增加。乳头及乳晕由于色素大量沉着而呈黑褐色，乳晕腺亦形成小的结节而显著突出，其中血管和淋巴管也显著扩张。孕妇体内糖类、脂肪和蛋白质的新陈代谢增快，乳腺合成活动开始加强，乳腺内所含脂酶、碱性磷酸酶和精氨酸酶等亦增多，而这些酶类与乳腺合成各种分泌物有关。妊娠期的胎盘还分泌一定量的绒毛膜促性腺素、卵泡素和黄体酮等。这些激素也可促使乳腺不断发育胀大，至妊娠末期，乳腺开始分泌少量乳汁，挤压乳房时可有少许黄色乳汁流出，称为初乳。

在哺乳期，乳腺受垂体前叶催乳素的影响，腺管、腺泡及腺叶高度增生、扩张，乳腺明显发胀，硬而微痛。扩张的腺泡上皮细胞是分泌乳汁的主要细胞，此时细胞为立方状或柱状，颜色苍白，其

内充满脂性分泌物，分娩后3～4天开始泌乳。一经哺乳，乳房胀痛即消失。乳汁的分泌量因人而异。哺乳期的长短也有个体差异，有数月至数年，一般至9～10个月时，泌乳量开始减少，直至分泌完全停止。断奶后，乳腺腺泡变空、萎缩，细胞内分泌颗粒减少，末端腺管变窄变小。此时腺泡及腺管周围结缔组织再生，但再生数量远不足以弥补哺乳期中的变化，加上乳腺小叶变小，脂肪组织增多，乳房趋于下垂松弛。

由于乳房经历了妊娠、哺乳期间的重大生理变化，乳房虽然能缩小复原，但是已经出现了乳腺组织形态变化，腺泡变空萎陷，形成不规则的腺腔，而乳房内结缔组织的再生，又远远赶不上哺乳期中损失的数量，因此乳房会出现不同程度的松弛下垂。

（十）绝经期和老年期的乳房有何变化

女性一般在45～50岁就进入更年期，卵巢功能开始减退直至停止，月经紊乱直至绝经。这时，乳腺也开始全面萎缩，由于乳房里腺体明显减少，腺小叶及末端乳管萎缩，变小或消失，脂肪组织反而堆积胀大，腺管周围纤维组织出现增生且致密，乳房的细胞间质呈现玻璃样变。到了老年期时，乳管开始硬化，腺组织退化或消失，而且可见钙化，小乳管、小血管闭塞。乳房的内部结构完全发生变化，基本上不再具备乳房应有的功能作用。随着年龄的增长，外观上来看乳房也是松弛、下垂、扁平的。

应该注意到女性更年期，也就是在绝经前后，是乳腺最“动荡不安”的时期，也是乳腺癌的高发时期。绝经后，乳腺开始全面萎缩退化，即进入老年期时，也可以说相对进入了“平静”的时期。但是，由于各种因素的影响，老年期女性乳腺癌的发病率也在不断地增加。

（十一）女性各个时期的乳房如何进行保护

女性在人体发育的不同时期，乳房的结构和功能都有很大的

差别，易患乳房疾病的种类也不同。下面分5个时期谈谈女性乳房的保护。

(1)婴幼儿和儿童期：从两个月到10岁左右是婴幼儿和儿童期。这个时期女孩子的乳房处于不发育状态，一般不会患什么病，不需要特殊的保护，只是不要用手去揉捏乳房就可以了。

(2)青春前期：11～12岁的女孩，一般乳房就开始发育，乳头出现硬结并有轻微的胀痛，乳房慢慢丰满起来。以后就进入青春发育期。这个时期要注意的是，女孩应当养成戴胸罩的习惯。胸罩大小要合适。胸罩太大了，对乳房起不到支托和保护作用，胸罩太小了，会妨碍乳房的发育。如果女孩年满15岁，乳房还没有发育，就应到医院去检查。

(3)怀孕时期：一般来说，妇女怀孕的时期，乳房都有明显增大。这个时期，孕妇的上衣应当宽大一些，还要注意乳房的清洁。每天要用肥皂和温水轻轻洗乳头和乳晕，然后用毛巾擦干，开始用软毛巾擦，以后逐渐改用粗毛巾擦，目的是锻炼皮肤，使皮肤增强耐摩擦的能力，这样在给孩子喂奶的时候，乳头就不容易擦伤。另外，每次清洗以后，还应当在乳头、乳晕上涂油脂，以防止乳头破裂。孕妇的乳头如果往里凹或者扁平，每天要用手轻轻向外牵拉，或者用吸乳器抽吸。这样乳头可以得到矫正，新生儿吃奶就不会发生困难了。

(4)哺乳期：哺乳期是乳腺功能的旺盛时期，这个时期最常见的乳房疾病是感染和发炎，要注意乳房的清洁卫生。每次喂奶以前，要把乳头洗干净，还要注意正确哺乳，防止乳汁淤积。一般来说，产妇在生孩子12小时以后就可以喂奶，以后每隔3～4小时喂一次，夜里可以间隔6小时。每次喂奶的时候，应当使奶汁尽量排空，如奶汁吸不完，可以用手挤出来，或者用吸奶器吸出来。另外，在给孩子喂奶的时候，应当把乳房托起来，喂完奶，还应当用手顺乳管的方向按摩乳房。

(5)更年期和老年期:据调查,妇女在40岁以后,容易患乳腺癌。所以这个时期要特别注意乳房里有没有硬块,如果发现有小硬块,且边界不清,表面不平,在皮下不能推动,又有乳汁分泌,就应当及时到医院检查、治疗。

(十二)影响乳房生理功能的内分泌激素有哪些

正常乳房的生长发育和泌乳功能是受内分泌系统的直接控制和调节的。卵巢和垂体前叶对乳腺影响最大,肾上腺、甲状腺也有一定影响。乳腺也间接受大脑皮质的影响和调节。卵巢主要分泌两种激素,即雌激素与黄体酮。雌激素促进乳腺管的增长发育,黄体酮促进腺泡的发育增大。在这两种激素协调作用下,乳腺逐渐发育丰满。

1. 对乳腺发生直接作用的激素

(1)雌激素:主要由卵巢的卵泡分泌,肾上腺和睾丸亦可分泌少量雌激素,妊娠中后期的雌激素则主要来源于胎盘的绒毛膜上皮。雌激素中生理活性最强的是雌二醇(E_2)。在青春发育期,卵巢的卵泡成熟,开始分泌大量的雌激素,雌激素可促进乳腺导管的上皮增生,乳管及小叶周围结缔组织发育,使乳管延长并分支。雌激素对乳腺小叶的形成及乳腺成熟,不能单独发挥作用,必须有完整的垂体功能系统的控制。雌激素可刺激垂体前叶合成与释放催乳素,从而促进乳腺的发育;而大剂量的雌激素又可竞争催乳素受体,从而抑制催乳素的泌乳作用。在妊娠期,雌激素在其他激素(如黄体素等)的协同作用下,还可促进腺泡的发育及乳汁的生成。外源性的雌激素可使去卵巢动物的乳腺组织增生,其细胞增殖指数明显高于正常乳腺组织。雌激素还可使乳腺血管扩张、通透性增加。

(2)孕激素:又称黄体素,主要由卵巢黄体分泌,妊娠期由胎盘

分泌。孕激素中最具生理活性的是黄体酮,其主要作用为促进乳腺小叶及腺泡的发育,在雌激素刺激乳腺导管发育的基础上,使乳腺得到充分发育。大剂量的孕激素抑制催乳素的泌乳作用。孕激素对乳腺发育的影响,不仅要有雌激素的协同作用,而且也必须有完整的垂体功能系统。实验表明,在切除垂体的去势大鼠,乳腺完全缺乏对黄体酮的反应。孕激素可能是通过刺激垂体分泌催乳素,也可能是通过提高乳腺上皮细胞对催乳素的反应性而与其共同完成对乳腺的发育作用。

(3)催乳素:由垂体前叶嗜酸细胞分泌的一种蛋白质激素,其主要作用为促进乳腺发育生长,发动和维持泌乳。催乳素与乳腺上皮细胞的催乳素受体结合,产生一系列反应,包括刺激 α-乳白蛋白的合成、尿嘧啶核苷酸转换、乳腺细胞钠离子的转换及脂肪酸的合成,刺激乳腺腺泡发育和促进乳汁的生成与分泌。在青春发育期,催乳素在雌激素、孕激素及其他激素的共同作用下,能促使乳腺发育;在妊娠期可使乳腺得到充分发育,使乳腺小叶终末导管发展成为小腺泡,为哺乳做好准备,妊娠期大量的雌、孕激素抑制了催乳素的泌乳作用;分娩后,雌、孕激素水平迅速下降,解除了对催乳素的抑制作用,同时催乳素的分泌也大量增加,乳腺开始泌乳。此后,随着规律哺乳的建立,婴儿不断地吸吮乳头而产生反射,刺激垂体前叶分泌催乳素,从而使泌乳可维持数月至数年。催乳素的分泌,受到下丘脑催乳素抑制因子与催乳素释放因子及其他激素的调节。左旋多巴及溴隐亭等药物可抑制催乳素的分泌;促甲状腺释放激素、5-羟色胺及某些药物(如利舍平、氯丙嗪)等可促进催乳素的分泌;小剂量的雌激素、孕激素可促进垂体分泌催乳素,而大剂量的雌激素、孕激素则可抑制催乳素的分泌。

2. 对乳腺起间接作用的激素

(1)卵泡刺激素(FSH):由垂体前叶分泌。主要作用为刺激卵巢分泌雌激素,从而对乳腺的发育及生理功能的调节起间接

作用。

(2)促黄体生成素(LH):由垂体前叶分泌。主要作用为刺激产生黄体素,从而对乳腺的发育及生理功能的调节起间接作用。

(3)催产素:由垂体后叶分泌。在哺乳期有促进乳汁排出的作用。

(4)雄激素:在女性由肾上腺皮质分泌而来。小量时可促进乳腺的发育;而大量时则可起抑制作用。

(5)其他激素:如生长激素、肾上腺皮质激素、甲状腺素及胰岛素等,这些激素对乳腺的发育及各种功能活动起间接作用。

(十三)精神及情感因素会对乳房产生什么影响

良好的精神状态对人的身体健康十分重要,这一点是毋庸置疑的。当由于各种因素导致情绪不佳及精神紧张时,人体内环境的平衡状态受到了干扰,可能会成为许多疾病的诱因。

中医学对精神情感因素与一些乳房疾病关系密切的有关论述颇多,如《格致余论》指出,产后缺乳是由于"乳子之母,不知调养,怒气所逆,郁闷所遏,厚味所酿,以致厥阴之气不行,故窍不得通,而汁不得行";《疡科心得集》中认为,乳癖(乳腺增生病)"良由肝气不舒,郁结而成";《外科正宗》中认为,乳岩(乳腺癌)是由于"忧郁伤肝,思虑伤脾,积想在心,所愿不得者,致经络痞涩,聚结成核"。明代医家朱丹溪发现,家庭破裂、人际关系紧张的妇女,好发乳岩(即乳腺癌),这种认识在当时的历史条件下实属不易。

现代研究表明,神经精神因素可以影响人体的神经内分泌免疫调节网络的功能。如哺乳期母亲的焦虑、烦恼、恐惧、不安等情绪变化,会通过神经反射引起垂体分泌的催乳素锐减,从而影响乳汁的分泌与排出;情绪不佳或精神紧张通过对下丘脑-垂体-靶腺轴的作用,影响内分泌激素的分泌与代谢,当多种内分泌激素分泌

紊乱时,特别是卵巢激素、垂体促性腺激素、催乳素及雄激素的分泌失衡时,则引起乳腺疾病,如最常见的乳腺增生病等;精神因素通过对免疫功能的影响,降低了机体识别细胞突变的能力,从而成为乳腺肿瘤发生的诱因。

由此可见,精神及情感因素对乳腺的保健十分重要。应避免强烈的、长期的精神刺激而造成的郁闷,要心胸开阔,即使遇到烦心的事情也要学会化解及自我宽慰,保持良好的心态。

(十四)如何正确选用胸罩

正确地选用胸罩,不仅是为了点缀女性特有的曲线美,更重要的是通过穿戴胸罩以衬托、固定乳房,避免乳房的过分摆动而引起松弛、下垂,甚至发生病变。

选用合适的胸罩包括以下几个方面:首先要根据本人的身体、体型及乳房的大小,选用松紧度和大小适中的胸罩。因为太松或太大的胸罩起不了依托固定乳房的作用。有些妇女乳房体积较小,怕戴上胸罩后会影响乳房的发育,所以选用很松的胸罩,甚至不肯戴胸罩,这样就使乳房失去依托,易引起下垂甚至变形。更有些少女怕别人说她乳房太小而缺乏女性的魅力,盲目地戴上大号的胸罩,以达到遮盖乳房小的目的同样是没有起到依托固定乳房的作用。因此,太松太大的胸罩是不能对女性乳房起到生理保健作用的。那么,胸罩太小、太紧效果又怎样呢?胸罩太小、太紧可使乳房明显受压,影响乳房的局部血液循环,使乳房及其周围组织器官的生长发育发生障碍,出现扁平胸,甚至会使乳头凹陷,造成污垢积聚,引起非哺乳期乳腺炎。所以,要善于选用外形与自己乳房形状相似的胸罩。目前,全世界多流行凸形和锥形两种胸罩,这两种形状的胸罩多与乳房形态相似。而平坦型的胸罩戴上后直接压迫乳晕,容易引起乳头凹陷,且失去了女性特有的曲线美,所以,最好不要选用。另外,要注意选用质地软、吸汗性能好、不易引起

皮肤过敏，而又易于清洗、易干的胸罩。

（十五）束胸束腰有什么害处

青春期来临，由于体内激素的作用，乳房开始发育，脂肪沉积，特别是在臀、胸、腹等部位，体型由此逐渐变为女性型。这本是自然的生理现象，但由于这种变化来得太快，有的女孩一下子难以接受这种现实，而变得不知所措。因此，她们常用紧身衣、胸罩、腹带等束紧胸部、腰部，试图遮盖日渐隆起的乳房及增粗的腰部，却不知这样做会影响青春期的正常发育，并造成对身体的损害。

青春期的呼吸功能增强，肺活量迅速增大，肺的重量增为出生时的 9 倍，与此相适应，随着骨骼的发育，胸廓亦不断增大。此时束胸，必然会影响胸廓的增大与扩张，阻碍肺的发育，减少肺活量，影响呼吸功能。

乳房是哺乳器官，青春期束胸，必然会使乳腺腺泡发育受阻，影响乳房增大，从而使将来的哺乳功能受到影响。

腹部有许多重要脏器，如肠、胃、子宫、卵巢等，这些器官在青春期逐步发育完善。束腰会影响身体的自由活动，使腹部的血液供应受到限制而使腹腔脏器供氧不足，从而影响其生长发育及生理功能。另外，束腰还影响下肢血液循环，可以出现下肢水肿。

总之，青春期束胸、束腰有害无益，要绝对避免。现代的青春期体型美应该是挺胸、收腹，不但不能束胸，反而要加强胸部肌肉的锻炼，使之高耸，而腹部锻炼，如仰卧起坐、收缩腹肌等，则可使腹部变小，增加女性的形体美。

（十六）性爱让乳房更健美吗

女性乳房不仅是哺乳器官，具有分泌乳汁、哺乳后代的功能，更重要的是它作为女性性器官的一部分，是女性性成熟的重要标志，参与整个性反应周期即性生活的全过程。

许多女性关心如何使自己的乳房丰满，却对怎样保持乳房健康，减少乳房疾病知之甚少，特别是漠视性生活与乳房疾病的密切关系，当性生活不和谐或女性长期性抑制时，确实会引起乳房的一些疾病。

女性乳房在性反应周期中的生理反应过程是：在性反应周期的初始阶段即兴奋期中，乳房对性紧张反应增强的最先表现就是乳头充血、变硬、勃起，接着，在进入性反应周期的持续期阶段，由于乳房深部血管充血，整个乳房的实际体积会明显胀大，同时乳头周围的乳晕部亦出现明显充血而变得肿胀发亮。进入高潮阶段，乳房体积增大达到高峰，未曾哺过乳的女性尤其明显，比平时扩大接近25%之多。此时，乳房甚至出现颤抖现象，哺乳期中的乳房还可能喷射乳汁。高潮过后进入消退期，乳晕部肿胀迅速消退，回复到常态，消退过程通常为5～10分钟，这是乳房血管充血迅速消退的结果。可以肯定，女性乳房在兴奋时充分的充血肿胀及高潮后迅速消退的过程，对保持女性乳房的健康具有重要的意义。

性生活不和谐时，会导致女性在性生活中难以达到高潮，这样乳房充血反应不充分，消退也缓慢，这种“夹生饭”的结果，使乳房常常处于持续充血状态，而招致乳房疼痛和压迫感，时间久了，很可能患上乳腺小叶增生症。

在乳腺小叶增生症患者中，有1%～3%的人可能转变为乳腺癌。事实上，在乳腺癌患者中，性功能低下、高龄未婚、高龄初产，以及孀居者的比例明显高于其他人群。

正常有规律而和谐的性生活对女性乳房健美来说是很有益处的。所以，夫妻双方应该互相交流性感受，不断提高性生活的质量，享受快乐健康的生活。

(十七)性冷淡诱发乳房疾病吗

性冷淡又称性抑制、性欲缺乏，不少已婚女性都存在着不同程

度的性冷淡。性冷淡妨碍妇女自身健康,可诱发许多乳房疾病。

(1)乳房胀痛:有正常性生活的妇女,乳房有充血、肿胀及消退的周期性变化,有利于促进乳房内部的血液循环。性冷淡女性性欲长期得不到满足,乳房的充血肿胀不充分而易导致乳房胀痛。

(2)促进小叶增生:乳腺小叶增生又称乳腺增生病,是妇女最常见的乳房疾病,约占全部乳房疾病的60%,多见于35~45岁,有少数患者可转变为乳腺癌。研究发现,性冷淡或性生活不和谐是乳腺小叶增生的重要诱发因素。不良精神刺激导致的郁郁寡欢、孤独焦虑则是乳腺小叶增生的"催化剂"。性冷淡心理长期处于抑制状态,致内分泌失调并缺乏调节,久而久之就容易患乳腺小叶增生。

(3)诱发乳腺癌:有资料表明,在乳腺癌患者当中,高龄未婚、性功能低下,丧偶女性的比例明显高于其他人群。这就提示,无正常性生活及性冷淡的女性患乳腺癌的危险性大大增加。而长期精神压抑的女性易出现性冷淡,这些人容易诱发乳腺癌。

(十八)理想乳房的保养原则是什么

(1)理想的乳房应该是:①丰满、匀称、柔韧而富有弹性。②乳房位置在第二至六肋间,乳头于第四肋骨。③两乳头间的间隔大于20厘米,乳房基底面直径为10~20厘米,乳轴(从基底面到乳头高度)为5~6厘米,左右乳大小基本一样。④形状挺拔,呈半球形。

(2)为了保护乳房正常发育,在日常生活中要注意:①保持挺胸收腹的良好姿势。②多食富有蛋白质的食物。③适当食用含脂食物和糖类,使皮下脂肪丰满。④月经要保持正常。⑤心情愉快,精神饱满,睡眠充足。⑥保护乳房,以免损伤,并防止乳头皲裂,乳晕炎及乳房感染。⑦不能束胸或穿紧身衣,合理使用胸罩。⑧如两侧乳房大小不一时,睡眠时多侧向较小的一边,但不宜长期如

此，否则会引起肌肉紧张、疼痛。对过小的一侧进行按摩，在睡前按摩5～10 分钟。

(3)如果乳房过大或平坦，可采用：①直推乳房。用右手掌面在左侧乳房上的锁骨下方着力，均匀柔和地向下直推至乳房根部，再向上沿原路线推回 20～50 次后，换左手按摩右乳房。②侧推乳房。用左手掌根和掌面向胸正中着力，横向推按右侧乳房直至腋下，返回时五指面连同乳房组织回带，反复推 20～50 次后，换右手按摩左乳房。③托推乳房。右手托扶右侧乳房的底部，左手放右乳上部与右手相对，两手相向乳头推摩 20～50 次。若乳头下陷，可在按摩同时用手指将乳头向外牵拉数次。依此法坚持连续按摩3 个月效果较明显。

(十九)怎样才能使乳房发育丰满

为什么有的女性乳房发育丰满肥大，有的扁平、瘦小，出现的差距甚大。有人认为这是先天的因素或与遗传有关。其实这是错误的。任何婴儿在出生时乳房基本是一样的，只是从青春期开始，女性的卵巢发挥作用，少女的乳房开始发育，成为第二性征。女性发育成熟的乳房大小和形状，在母女及同胞姐妹之间并不相似，从而证明女性乳房的状态与先天因素、遗传基因关系不大，更多地取决于后天因素——首要条件是女性乳房的直接“上司”卵巢在11～15 岁乳房发育最旺盛的时期，是否发挥其主导作用，产生雌激素，并在其他激素的共同作用下，促使乳房的正常发育。

(1)增加营养：锌元素可促进人体生长和乳房发育，而且是性征及性功能的催化剂。故青年女性多吃含锌的肉类及核桃仁等食品，可使乳房丰满。

(2)加强锻炼：运动员和舞蹈演员，由于经常舒胸展臂，胸肌得到锻炼，乳腺导管也得以充盈，故乳房丰满健美。乳房小的女性如能做丰胸体操、跳迪斯科，乳房会逐渐丰满。

(3)按摩:经常按摩乳房可刺激副交感神经系统,使脑垂体和卵巢分泌激素的功能得到加强,从而促进乳腺和滤泡发育旺盛。按摩乳房早晚各2次,每次5~10分钟,连续半个月后即可见效。

所以,要使乳房发育丰满好看,惟有在乳房发育生长旺盛的时期,也就是在11~15岁,确保机体健康,保证各种激素平衡、正常发挥作用。此外,在此期间可适当地增加一些植物性雌激素的摄入,如黄豆类的食品,并加强蛋白质的补充,进食一些脂肪类的食物,充分提供乳房发育所需要的营养,通过女性发育机制的调控,促使乳房的正常生长。只有在这个特定的时期,乳房的发育机制处在正常情况下,保证乳房发育的营养,乳房才可发育得丰满好看。同时,由于乳房组织结构是松软的,在发育过程中,千万不能束胸,也不要穿紧身的内衣,应该让正处在发育生长的乳房有适当的空间。不然,不但会影响乳房的发育,还易造成乳头内陷。

(二十)如何按摩平坦的乳房

女性乳房平坦是指女性因乳腺发育不良,或因体质、营养等原因引起的乳房瘦小、平坦、弹性较差,从而影响了女性的形体美。

(1)揉乳根、乳中穴:丈夫用拇指指面或食、中、无名指指面,分别按揉妻子的乳根穴(锁骨中线上,第五肋间隙中)、乳中穴(乳头之中央),做轻柔的揉动,各100次。

(2)推揉乳房:丈夫用手掌托住妻子的乳房根部,轻轻地向乳头方向推揉,约30次。

(3)牵拉乳头:丈夫用拇指、食指和中指捏住妻子的乳头,轻轻地向外牵拉,约10次。

(4)揉三阴交穴:丈夫用拇指指端在妻子的内踝尖直上3寸处的三阴交穴做揉法,约1分钟。

(5)揉肾俞穴:丈夫用拇指指端在妻子的第二腰椎棘突下,旁开1.5寸处的肾俞穴做揉法,约100次。

(6)擦命门、肾俞穴:丈夫用小鱼际沿着妻子第二腰椎棘突下的命门穴、第二腰椎棘突下,旁开 1.5 寸处的肾俞穴做擦法,以透热为度。

特别提醒:①按摩前须解除胸罩或脱去内衣。②按摩时可在乳房部涂上护肤霜、营养乳液。③妻子要保持情绪稳定,增加形体锻炼,适当增加营养,选择合适胸罩。女性也可自我按摩上述穴位。

(二十一)乳头内陷及乳房太小怎么办

女性乳房是哺乳器官,乳头凸起位于乳晕中央,乳腺管均开口于此,它在人类繁殖,生息中具有重要作用;同时,乳房作为性征器官,直接参与构成女性优美的形体曲线,是美和爱的一个标志。乳头内陷原因较多,但大多由于乳头的乳晕平滑肌发育不良,乳头下缺乏支持组织撑托。值得注意的是,近期才出现乳头内陷要高度警惕。

怀孕 6 个月后,孕妇每天要用小毛巾擦洗奶头 1 次,擦洗时用力均匀、柔和,勿伤皮肤。孕期做好乳房护理是保证母乳喂养的关键。经常擦洗可使乳头皮肤坚韧,喂奶时不易破裂。注意勿用肥皂。乳房按摩可改善局部血液循环,促进乳腺发育。乳头平坦或凹陷应在孕期进行纠正,方法如下。

(1)伸展乳头法:将两拇指相对地放在乳头左右两侧,缓缓下压并由乳头向两侧拉开,牵拉乳晕皮肤及皮下组织,使乳头向外突出,重复多次。随后将两拇指分别在乳头上下侧,由乳头向上下纵形拉开,每日 2 次,每次 5 分钟。

(2)牵拉乳头法:用一手托住乳房,另一手的拇指和中、食指抓住乳头向外牵拉,每日 2 次,每次重复 10～20 次。

(3)佩戴特殊胸罩:为一扁圆形,当中有孔的类似杯盖的小罩,直径 5～6 厘米,高约 2 厘米,扣在乳房上盖住乳晕,乳头从孔中露

出，施以恒定、柔和的压力使内陷的乳头外翻。

(4)用针筒抽吸乳头：取两个10毫升的针筒，用橡皮管连接，卸去一个针筒的针栓，将此针筒套住乳头，回抽另一个针筒的针栓，吸出凹陷的乳头。

许多女性认为自己的乳房太小，在人面前抬不起头，更不敢去公共澡堂洗澡，思想压力太大，有的甚至产生了轻生的念头。其实，女性的乳房差异较大，就像人有高低胖瘦之分一样，除与个人家族遗传因素有关外，还与女性激素分泌不足，营养不良或长期的含胸低头等因素有关。

除了加强营养，改正不良的体姿外，应坚持参加健美锻炼，特别是加强胸部肌肉的锻炼。如每日坚持做乳房按摩、外展扩胸运动，俯卧撑运动等，再者可配合适当的饮食调养。

(二十二)如何做乳房健美操

(1)两脚开立，两臂屈肘侧举。手指放松置肩前，然后两臂沿肩轴、肘向前平举。两肘向前、向上、向后、向下绕环，绕至开始姿势，重复练习10次。

(2)直立，双腿并拢，两手按在胸下部两侧，憋气，用气压乳房两侧，然后两手臂向上举，重复练习10次。

(3)两脚开立与肩同宽，成直立姿势。张口深呼吸，头后仰，同时沿身侧提至小臂前平举，肩臂后展，挺胸，掌心向上，然后还原成直立姿势，重复练习10～15次。

(4)膝着地，手掌向前方着地，手指向内，身躯正直下降，然后再推起、重复练习6～8次。

(5)右脚支撑，右手握住左脚后上举，挺胸、抬头，上体尽量舒展，左右交换，做5次。

(6)直立，做两手臂交叉运动，也可手握哑铃等器械练习，注意双臂向外扩张时应憋气；交叉、扩张为1次，练习5～10次。

(二十三)如何做简易乳房健美操及瑜伽功

(1)含胸,挺胸,快速交替,重复20～30次。

(2)两手合掌,在胸前用力对掌;然后向前方推出,重复8～10次。

(3)双臂自然下垂,然后向上举起,重复10～20次。该运动方法简单,持之以恒,可使乳房丰润饱满。

(4)瑜伽功丰乳法:①跪坐,挺胸,左手手背伸向左肩,与右手紧紧相牵。②呼气,上体慢慢前屈,左右手保持原状。③上体继续前屈,直到胸部接触双膝;然后吸气,上体慢慢直立复原,两手上下交换,重复上述动作。④跪坐,上体直立,两手十指在颈后交叉紧握。⑤深呼吸,挺胸,双手慢慢向后上方抬起。⑥继续深呼吸,直到双臂伸直。⑦俯卧,双手十指交叉放在颌下。⑧吸气,双手撑地,上体慢慢抬起,并尽量向后挺直,两腿不得离地。⑨跪坐,双掌合十于胸前,吸气,双掌用力相互挤压,呼气,然后放松。⑩双掌移向右侧,重复上述动作。⑪接着双掌再移向左侧,重复上述动作。

总之,无论是乳房健美操还是瑜伽功,均会使乳房下的胸大肌增大,而胸大肌的发达,可使乳房突出,看起来乳房就大了一些,且还能增加乳房的弹性。

(二十四)乳房切除后的心理调适

乳房是哺乳器官,也是诱导性兴奋的器官。许多民族的文化观念中都把乳房看作女性的性象征,具有吸引异性的魅力。

因乳房肿瘤而做单侧或双侧乳房切除的伤残者是较常见的。乳房切除本身和失去乳房,会产生很多心理问题和性问题。

首先,乳房切除过程本身可能会引起性功能方面的问题,同时也可能使原有的性功能障碍复杂化。其次,是自我形象问题。如乳房切除后的一些女性往往戴着假乳房。此时她的外表越是被别

人赞赏,她就越有“自惭形秽”的感觉。在一项研究中表明,要求乳房切除者洗浴后从镜中看自己裸露的身体,并报告自我形象和自我感觉,结果表明,许多患者的自我形象遭到破坏。最后,是与配偶的性关系问题。斯坦福大学一项有关乳房切除者性行为的研究表明,多数男性对其妻子的乳房切除能够较好适应,但有些人却很难适应。乳房切除后有84%的人婚姻关系仍能长期维持,11%的人婚姻关系遭到破坏。在婚姻关系正常的患者中,性活动中也很少用刺激乳房的方法来引起性兴奋。一方面丈夫不愿接触残余乳房;另一方面妻子也不愿意接受乳房刺激,甚至不愿意裸露胸部。此外,妻子往往认为自己对丈夫已不再有吸引力,担心遭到拒绝,从而不表现性兴趣,而是被动地等待丈夫的性要求。而丈夫则不知妻子是否有性欲,自己是否能接受残余的乳房,或恐怕伤害妻子的身体,因而减少了性活动。此外,许多男性对再造乳房十分厌恶反感,因此可能双方都想重建身体上和感情上的亲密关系,但却又害怕相互接近。这种状况往往会引起程度不同的性功能障碍。

如果患者及其配偶由于害怕和忧郁而减少了性活动,那就会丧失快乐和健康的感觉。这会在性关系中引起更多的挫折、不快和冲突。这些问题与康复有密切关系:肿瘤患者通常在人际关系方面存在相当的困难,而人际关系的质量则与应对疾病的能力直接关联。

在康复过程中应指导患者接受乳房切除这一事实。不仅她必须自我接受,而且必须帮助丈夫和家庭接受。这意味着她应学会观看自己的裸体,而不带任何自我贬低的感情,逐步建立良好的形象。如果有机会与已康复的乳房切除者进行交谈,是很有益处的。患者的丈夫应参加决定手术的全过程,常常去医院看望妻子。术后应主动适应妻子改变的身体,增加肉体的接触和感情的交流,使日常生活融洽、和谐,并逐步建立双方都能接受的性活动方式。

二、美体丰乳需摄入的食物

(一)猪蹄

猪蹄是猪的四足(猪脚爪)和上延部分(蹄膀)。每100克猪蹄爪尖中含蛋白质22.6克,脂肪20克,维生素A 3微克,维生素B_1 0.05毫克,维生素B_2 0.1毫克,烟酸1.5毫克,钙33毫克,磷33毫克,铁1.1毫克,锌1.14毫克。现代研究表明,猪蹄中富含胶质,可以使乳房中的脂肪增加,因此是乳房长大的重要成分之一,具有相当好的丰乳效果。猪蹄中的脂肪成分也相当丰富,而脂肪也是人体新陈代谢的重要"功臣"。不过在摄取脂肪时一定要适量,以免脂肪在体内堆积过多,制造过多的胆固醇,从而引起动脉硬化等不良后果。猪蹄中还含有一定量的蛋白质,蛋白质是构成肌肉、骨质、皮肤及促进内分泌的重要来源。

猪蹄中含有丰富的胶原蛋白,这是一种由生物大分子组成的胶类物质,是构成肌腱、韧带及结缔组织中最主要的蛋白质成分。在人体内,胶原蛋白约占蛋白质的三分之一。若胶原蛋白合成发生了异常,就会引起"胶原性疾病(结缔组织病)"。骨骼生成时,首先必须要合成充足的胶原蛋白纤维组成骨骼的框架,所以胶原蛋白又是"骨骼中的骨骼"。猪蹄中的胶原蛋白被人体吸收后,能促进皮肤细胞吸收和贮存水分,防止皮肤干涩起皱,使面部皮肤显得丰满光泽。汉代名医张仲景有一个"猪肤方",就指出猪蹄上的皮有"和血脉,润肌肤"的作用。英国有美容大师观察发现,经常吃猪蹄,能使面部长得匀称、丰满。胶原蛋白还可促进毛发、指甲生长,保持皮肤柔软、细腻,指甲有光泽。经常食用猪蹄,还可以有效地

防止进行性营养障碍，对消化道出血、失血性休克有一定疗效，并可以改善全身的微循环，从而能预防或减轻冠心病和缺血性脑病。对于手术及重病恢复期的老年人，有利于组织细胞正常生理功能的恢复，加速新陈代谢，延缓机体衰老。猪蹄骨细胞中含有大量的钙、磷等矿物质，烧猪蹄时放点醋可使骨中的钙、磷等溶解在汤中，蛋白质也易被人体吸收。

猪蹄性平，味甘、咸，具有补血、催乳、润肌肤、强肾精、强腰腿、护齿固齿、托疮等功效。可用于产后乳少、体质虚弱、腰腿酸软、痈疽、疮毒等症。

痰盛湿阻者慎食。猪蹄油脂较多，动脉硬化及高血压病、慢性肝炎、胆囊炎、胆结石等患者最好不要食用。

(二)猪　肝

猪肝是补血食品中最为常用的食物，每 100 克中含蛋白质 19.3 克，脂肪 3 克，糖类 5 克，维生素 A 4.972 毫克，维生素 $B_1$0.21 毫克，维生素 $B_2$2.08 毫克，维生素 C 20 毫克，烟酸 15 毫克，钙 6 毫克，磷 310 毫克，铁 22.5 毫克，锌 5.78 毫克。此外，还含有肝素、维生素 B_{12} 等营养物质。现代医学研究表明，猪肝是最常用的补血食物之一，其含铁量是猪肉的十多倍，食用猪肝可调节和改善贫血病人造血系统的生理功能。缺铁会导致人体的血液循环不良，气色变差，影响乳房丰满。平时如能从食物中摄取足够的铁质，会促进生理期功能正常，脸色及胸部也会自然跟着漂亮起来。猪肝还含有一定量的蛋白质，蛋白质是构成肌肉、骨质、皮肤及促进内分泌的重要成分，丰乳少不了蛋白质的帮助。猪肝中还有一部分脂肪，而胸部本来就是一个充满脂肪的部位，合理脂肪是必需的。

猪肝性温，味甘、苦，具有补肝、明目、养血的功效，可用于血虚萎黄、夜盲、目赤、水肿、脚气等症。

猪肝质细嫩，适于炒、熘、煎、卤、煮等烹调方法。烹调猪肝汤时，可不用上浆，但应将汤煮沸，再放猪肝片，汤滚撇去浮沫，即将猪肝捞出。烹制整只猪肝做的卤菜时，应将肝以小火煮20分钟左右，用筷子一插，拔出来不见血水，即捞出红烧。如果做白汁盐水猪肝，则用精盐、酒煮制的卤汁卤制即成。猪肝煮熟后，未食用前不宜放在盆里，应浸泡在卤汁中，随食随切。否则，会逐渐干瘪，味差色黑。

正常猪肝应新鲜清洁，无异味，呈红褐色或淡棕色，无胆汁，无水泡，表面光洁润滑，略带血腥味，边缘如叶状，切开后肝管内无黄色胆汁、虫体和异物等。由于猪肝含胆固醇较多，高血压病、高脂血症和冠心病患者宜少食或忌食。

(三)牛　肉

牛肉是我国人民日常生活中普遍食用的三大肉类之一，牛肉的营养成分可因牛的种类、性别、年龄、生长地区、饲养方法、营养状况、躯体部位等而不同，其成分差距可以很大。每100克牛瘦肉中含蛋白质20.2克，脂肪2.3克，糖类1.2克，维生素A 6毫克，维生素$B_1$0.07毫克，维生素$B_2$0.13毫克，维生素E 0.35毫克，烟酸6.3毫克，钙9毫克，磷172毫克，铁2.8毫克，锌3.71毫克等营养成分。现代医学研究表明，牛肉是高蛋白食品，牛肉蛋白质中所含必需氨基酸甚多，故营养价值高。牛肉中富含胶质，可以使乳房中的脂肪增加，具有相当好的丰乳效果。牛肉也含有一部分脂肪，而胸部本来就是一个充满脂肪的部位，合理摄入脂肪是必需的。

牛肉性平，味甘，具有补脾胃、益气血、抗疲劳、强筋骨等功效，可用于虚损消瘦、消渴、脾虚不运、痞积、水肿、腰膝酸软等症。

牛头部位皮多骨多肉少，有瘦无肥，适宜于烧卤等；牛尾肉质肥厚，适宜于煨汤等；上脑肉质肥嫩，可作烤、炒等；前腿肉质较嫩，

适宜于红烧、卤、酱、煨、制馅；颈肉质量较差，可红烧、煨汤、制馅；前腱子肉质较老，可作卤酱、红烧等用；牛排肉质宽润、肥嫩，一般用于烤、炒等；肋肉中筋膜较多，多用于煨汤、红烧等；胸脯肉层薄，筋多，多用于红烧，其较嫩部分，可用于干爆、炒等；牛后腿的最上方的地方叫做米龙，肉质很嫩，适宜爆、炒、熘、炸等；牛腱子肉质地较老，可用作红烧、卤、酱等。

吃牛肉以新鲜为好。食用死牛肉容易发生沙门菌引起的食物中毒，沙门菌的抵抗力较强，在牛肉中能生存几个月，一旦温度适宜就会大量繁殖。当人们吃了被沙门菌污染的牛肉可引起胃肠道反应和中毒症状，一般多有畏寒、发热、头晕、头痛、恶心、呕吐、腹痛、腹泻等症状，严重时可出现抽搐、昏迷，甚至可引起死亡。牛肉是一种发物，凡患有疮毒、湿疹、瘙痒症等皮肤病症者忌食。而肝炎、肾炎患者亦应慎食，以免病情复发或加重。

(四)甲　鱼

甲鱼又称鳖、团鱼等，生长在河湖沟田中。甲鱼肉味道鲜美，营养丰富，是一种补益佳品。每 100 克中含蛋白质 17.8 克，脂肪 4.3 克，糖类 2.1 克，钙 70 毫克，磷 114 毫克，铁 2.8 毫克，锌 2.31 毫克。此外，还含有维生素 A 139 微克，维生素 B_1 0.07 毫克，维生素 B_2 0.14 毫克，维生素 E 1.88 毫克，烟酸 3.3 毫克，等营养成分。女性的胸部是一个充满脂肪的部位，而甲鱼中的脂肪肥而不腻，非常适合需要丰乳的女性食用。

甲鱼性平，味甘，具有补益肝肾，益气养血，强壮精神，对抗疲劳，滋阴凉血，清热散结，益气健胃，养筋活血等功效，为优质滋补佳品。可用于身体虚弱，气血不足，肝肾两虚，慢性肝癌，产后及病后体虚，精神疲惫，儿童生长发育迟缓等症，常食可增加抗病能力，延年益寿。还可用于骨蒸劳热、久疟久痢、脱肛、子宫脱垂、崩漏带下、瘰疬等病症。

甲鱼味道鲜美，细细品尝，它兼有鸡、蛙、鱼、猪、鹿、牛、羊肉7种味道。吃甲鱼以500～750克大小者为佳，过小骨多肉少，虽嫩但香味不足；过大则肉质老硬，滋味不佳。甲鱼的烹调方法较多，最宜清炖、清蒸、扒烧，原汁原味，风韵独特，鲜香四溢，也可烩、煮、炒、焖。鳖裙是肉质中味最美的部分，历来被视为滋补佳品。

鳖死后细菌会使蛋白质迅速分解，其中的一些细菌会将组氨酸转化成为组胺，人吃后几分钟到几十分钟内发病，因此死鳖当弃之勿惜。甲鱼为性寒滋腻之品，一次进食过多，会使人败胃伤食，导致消化不良。对食欲缺乏，消化功能差，以及脾虚泄泻等患者来说，不宜食用或慎食。

（五）泥　鳅

泥鳅有“水中人参”的美誉。每100克中含蛋白质17.9克，脂肪2克，糖类1.7克，钙299毫克，磷302毫克，铁2.9毫克，锌2.76毫克。此外，还含有维生素A 14微克，维生素B_1 0.1毫克，维生素B_2 0.33毫克，维生素E 0.79毫克，烟酸6.2毫克等营养成分。女性的胸部是一个充满脂肪的部位，而泥鳅中的脂肪肥而不腻，非常适合需要丰乳的女性食用。常食者还能起到保健养颜，润肤美容的作用。泥鳅中蛋白质含量较高，还含有一种类似二十碳戊烯酸的不饱和脂肪酸，是一种可助人体抵抗血管衰老的重要物质。泥鳅中的钙是支撑人体骨骼的大功臣，摄取足够的钙质能强健骨骼，美化体形与曲线。

泥鳅性平，味甘，具有补中益气，滋阴清热，补肾养颜，祛风利湿的功效。可用于消渴、阳痿、肝炎、痔疮、盗汗、水肿、癣疮等症。

泥鳅做菜，肉质细嫩，口味清鲜腴美，最宜于烧、煮、做汤，亦可炸、熘、爆、炒、烩、炖，乃至用于火锅。

食用泥鳅时应注意煮熟，因为泥鳅的肌肉中有时会有刺腭口线虫的幼虫寄生，食用未熟透的泥鳅，有可能使刺腭口线虫的幼虫进入人

体，使人体出现移行性皮下肿块，并可能寄生于人的眼部和脑部。

(六)黄 鱼

黄鱼，有大小黄鱼之分，又名黄花鱼。鱼头中有两颗坚硬的石头，叫鱼脑石，故义名“石首鱼”。大黄鱼又称大鲜、大黄花、桂花黄鱼；小黄鱼又称小鲜、小黄花、小黄瓜鱼。大黄鱼、小黄鱼、墨鱼和带鱼一起被称为我国四大海产品。夏季端午节前后是大黄鱼的主要汛期，清明至谷雨则是小黄鱼的主要汛期，此时的黄鱼身体肥美，鳞色金黄，发育达到顶点，最具食用价值。黄鱼肉质细嫩，呈蒜瓣状，味道清香，营养丰富，每 100 克大黄鱼中含蛋白质 17.7 克，脂肪 2.5 克，糖类 0.8 克，钙 59 毫克，磷 186 毫克，铁 6.4 毫克，锌 0.56 毫克，以及维生素 A 10 微克，维生素 $B_1$0.02 毫克，维生素 $B_2$0.08 毫克，维生素 E 1.7 毫克，烟酸 4.7 毫克等。每 100 克小黄鱼中含有蛋白质 17.9 克，脂肪 3 克，糖类 0.1 克，钙 78 毫克，磷 188 毫克，铁 0.9 毫克，锌 0.94 毫克，以及维生素 $B_1$0.04 毫克，维生素 $B_2$0.04 毫克，维生素 E 1.19 毫克，烟酸 2.3 毫克。黄鱼中蛋白质含量较高，并有一定量的脂肪，适合希望丰乳的女性食用。

黄鱼性温，味甘，具有滋补填精、开胃益气的功效，可用于虚劳不足、食欲缺乏、便溏等症。

黄鱼适宜于清蒸、清炖、油炸、干煎、红烧、红焖、醋熘、汆汤等多种烹调方法。黄鱼做菜多作主料，既可整条烹制，又可加工成段、块、条、片、丝、丁、粒、蓉，可做一般家常菜，也可制作工艺菜。黄鱼是海产鱼中肉质最为鲜嫩者，入馔不需开膛，用双筷由口插入腹中，绞出鳃及全部内脏，刮鳞洗净即可烹调加工。因黄鱼动风发气，生痰助热，故不宜多食；有疮疡肿毒者慎食。

(七)带 鱼

带鱼肉嫩味美，为我国海洋四大渔业之一，每年 11～12 月份

是盛产带鱼的季节。带鱼营养丰富,每 100 克中含蛋白质 17.7 克,脂肪 4.9 克,糖类 3.1 克,钙 28 毫克,磷 191 毫克,铁 1.2 毫克,锌 0.7 毫克。此外,还含有维生素 A 29 微克,维生素 B_1 0.02 毫克,维生素 B_2 0.06 毫克,维生素 E 0.82 毫克,烟酸 2.8 毫克等成分。带鱼中蛋白质含量较高,并有一定量的脂肪,适合希望丰乳的女性食用。

带鱼性平、温,味甘、咸,具有补血养肝、和中开胃、润泽肌肤、祛风杀虫等功效,可用于病后体虚、消化不良、乳汁不足、外伤出血、肝炎、瘿瘤、皮肤干燥等症。现代医学研究表明,带鱼鳞中含有较多的卵磷脂,可以健脑、抗衰老。此外,带鱼鳞中的油脂较多,含有多种不饱和脂肪酸,能增加皮肤细胞的活力,使皮肤细嫩光洁。

带鱼肉多刺少,味道极鲜,可烧、蒸、煎、烹、扒、炖、焖、煮、蒸、熏、烤和卤制等,亦可制成罐头食用。

新鲜带鱼体表应当是银白色的,去鳞后的鱼肉表面也应是洁白、细嫩有光泽。但是有些带鱼的体表却呈黄色,这是由于带鱼中含有较多的脂肪,在贮存过程中体表脂肪因长时间接触空气而氧化产生低分子的有机酸、醛、酮等有害于人体健康的物质,这些黄色的氧化产物便附着在带鱼的体表,可发出一种酸败的哈喇味,鱼的品质大大下降。轻度变黄的带鱼还没有腐败,尚可食用;严重变黄的带鱼最好不要食用。为了避免带鱼变黄,一时吃不完的带鱼可放在塑料袋里低温贮藏。过敏体质者慎食带鱼。

(八)牡　蛎

牡蛎是软体动物门瓣腮纲牡蛎科诸种的总称,又称海蛎子、蚝、蛎黄。产于我国沿海约有 20 种,常见者有近江牡蛎、褶牡蛎、大连湾牡蛎、密鳞牡蛎、长牡蛎等。每 100 克鲜牡蛎中含蛋白质 5.3 克,脂肪 2.1 克,糖类 8.2 克,钙 82 毫克,磷 413 毫克,铁 23.9 毫克。此外,还含有维生素 A 27 微克,维生素 B_1 0.02 毫克,维生

素 B_2 0.05 毫克，维生素 E 6.73 毫克，烟酸 3.6 毫克，以及牛磺酸、谷胱甘肽、碘等成分。牡蛎中含铁量高，食用牡蛎可调节和改善造血系统的生理功能。缺铁会导致人体的血液循环不良，气色变差，影响乳房丰满。平时如能从食物中摄取足够的铁质，会促进女性生理期功能正常，脸色及胸部也会自然跟着漂亮起来。牡蛎中含锌量高，锌可以促进激素分泌，有助于第二性征的发育，可使胸部丰满，皮肤光滑。牡蛎中也含有一定量的脂肪，适合希望丰乳的女性食用。

牡蛎性凉，味甘、咸，具有滋阴养血的功效，适用于热病伤津、烦热失眠、女性血亏、消渴等症。

牡蛎除鲜采生食外，可在肉上洒少许淀粉，轻轻揉搓后，用清水冲洗，便雪白干净，即可烹调。牡蛎肉的干制品称牡蛎干、蚝豉，近似淡菜，干制品有生、熟两种，生品滋味优于熟品，干品烹调前洗净，用水发胀即可。煮牡蛎的汤经浓缩后，即为鲜味调料蚝油。脾虚精滑者忌食。

(九)蛤　蜊

蛤蜊属瓣鳃纲蛤蜊科动物四角蛤蜊及其他种蛤蜊的肉，又名蛤、沙蛤、马珂、西施舌。每 100 克可食部分中含蛋白质 5.8 克，脂肪 0.4 克，糖类 1.1 克，钙 138 毫克，磷 103 毫克，铁 2.9 毫克，维生素 A 19 微克，维生素 B_1 0.01 毫克，维生素 B_2 0.1 毫克，维生素 E 0.86 毫克，烟酸 0.5 毫克。蛤蜊是一种高蛋白质食物、并含多种维生素和矿物质的营养保健品，非常适合用于丰胸健乳。

蛤蜊性寒，味甘、咸，具有滋阴清热、化湿利水、养心熄风、凉肝明目、软坚散结的功效。

蛤蜊腹部肌舌较发达，开壳时将足部探出，长约寸余，乳白色、形似舌、肉质白嫩细腻，味极鲜美。食用时加葱、生姜等，即可调味，又可减缓其寒性。蛤蜊性寒，脾胃虚寒者食后易出现腹痛、腹

泻等症状，需慎用。

(十)海　参

海参是棘皮动物门海参纲刺参科动物刺参或其他海参的全体，又名刺参、海黄瓜、海老鼠。海参体嫩有弹性，种类繁多。我国常用海参中，品质较好者有刺参、梅花参、方刺参、大乌参、克参、乌虫参、白石参、黄玉参、赤白瓜参等。海参属高蛋白质、低脂肪食物，每100克海参干品中含蛋白质50.2克，脂肪4.8克，糖类4.5克，钙240毫克，磷94毫克，铁9毫克。此外，还含有维生素A 39微克，维生素$B_1$0.04毫克，维生素$B_2$0.13毫克，烟酸1.3毫克。海参还含有丰富的胶质，对丰胸健乳非常有益。

海参味咸，性平，具有补肾养颜、养血润燥的功效，适用于精血亏损、虚弱、阳痿、梦遗，小便频数、肠燥便秘等症。现代研究表明，患高血压病、血管硬化、冠心病、肝炎等症者常食海参有一定疗效。年老体虚，病后宜补的人，常食海参可增强体质。

选购海参时以体形粗长、质重、皮薄、肉壁肥厚、性糯而爽滑、富有弹性、无沙粒者为好。凡肉壁瘦薄、水发胀性不大，做成菜肴入口梗韧，味同嚼蜡，或松泡酥烂，淡而无味，或沙粒未尽者为次。家庭食用少量海参时可将其置于冷水中浸泡24小时，再用刀剖开去内脏，洗净，置保温瓶中，倒入开水，盖紧瓶盖，发10小时左右。中途可倒出来检查1次，挑出部分已发透的嫩小海参，泡在冷水中备用。油发时将海参洗净、晾干，放入温油锅中用小火加热，待油温升高发出响声时，边离火源边翻炒海参，油冷却后再上火慢炸、翻炒，直至炸透，捞出后沥干油，用碱水冲洗，再用凉水浸泡。使用的容器切勿沾染油腻、碱和盐分。开腹去腔内韧带后要保持原样，每次加热时要重新换水。如果时间短，需要当天涨发时，可将用一般水发方法涨发到一半程度的海参放深盘内加葱、生姜、黄酒、花椒、酱油、鸡架或鸭架和多量的水煮沸后，离火焖5小时，捞出后将

其腹部划开朝下放在筛上晾透。这种方法涨发的海参质量高，但涨发率低。脾弱不运、痰多泻痢者不宜多食海参，以免加重病情。

(十一)章　鱼

章鱼为章鱼科一类软体动物的统称，简称“蛸”。多栖息于浅海砂砾、软泥及岩礁处，捕食瓣鳃类、甲壳类。春末夏初产卵，秋冬常穴居较深水域沙泥中。我国沿海均有分布。章鱼营养丰富，每100克中含蛋白质10.6克，脂肪0.4克，糖类1.4克，钙22毫克，磷106毫克，铁1.4毫克。此外，还含有维生素A 7微克，维生素$B_1$0.07毫克，维生素$B_2$0.13毫克，维生素E 0.16毫克，烟酸1.4毫克。章鱼中蛋白质含量较高，并有一定量的脂肪，适合希望丰乳的女性食用。

章鱼味甘、咸，性寒，具有益气养血，收敛生肌，催乳的功效，适用于气血虚弱，痈疽肿毒、久疮溃烂、产后乳汁不足、宫颈炎、盆腔炎、阴道炎、慢性盆腔炎、细菌性痢疾、疟疾等症。

每年3～5月份捕捉，捕捉后去内脏，洗净，鲜用或晒干备用。民间有炒章鱼补血及炖食章鱼催乳的习俗。慢性顽固性湿疹等皮肤瘙痒者忌食。

(十二)鱿　鱼

鱿鱼是软体动物门头足纲枪形目枪乌贼科鱼类的总称，学名枪乌贼。每100克鱿鱼干品中含蛋白质60克，脂肪4.6克，糖类7.8克，钙87毫克，磷392毫克，铁4.1毫克。此外，还含有维生素$B_1$0.02毫克，维生素$B_2$0.13毫克，维生素E 9.72毫克，烟酸4.9毫克。鱿鱼是高蛋白食物，脂肪含量也相对较高，对女性的丰胸健乳非常有益。鱿鱼中的钙含量较高，钙是支撑人体骨骼的“功臣”，摄取足够的钙质是强健骨骼、美化体形与曲线的需要。

鱿鱼性平，味甘、咸，具有补气益血，强身健骨的功效，适用于

病后体虚、腰腿酸软等症。现代研究表明，鱿鱼甲骨有抗肿瘤作用。

鱿鱼有鲜鱿鱼和鱿鱼的干制品两类，以干制品为多，因其肉质细嫩，味道鲜美，列为“海八珍”之一。选购干制品时以色光白亮、体质平薄、大小均匀、肉质透微红、表面有细白粉、干爽的为好。凡体形部分卷曲、肉瘦、尾部及背部红中透暗、两侧有微红点的为次品。一般采用碱水泡发，其浓度视鱿鱼老嫩而定，方法是将鱿鱼用冷水浸泡 3 小时左右，捞出放入缸内，倒入配好的碱水（10%纯碱、4%石灰水，开水和冷水各半），浸没鱿鱼，浸泡约 3 小时就可胀大发足，凡颜色均匀鲜润者必须立即捞出，在清水中反复漂洗，然后用清水浸泡以去除碱味，发好的鱿鱼放在清水中备用。霉变起红斑点的鱿鱼干忌食。

（十三）海　带

海带属海带科植物，又称江白菜。自然情况下，生长在贝壳、石砾、砖块、木料、竹林、绳索，甚至船底和铁锚上。自然生长在渤海、黄海的肥沃海区，人工养殖已推广到浙江、福建及粤东沿海。夏、秋季节采收，拣去杂质，晒干。海带的营养价值较高，每 100 克干品中含有蛋白质 1.8 克，脂肪 0.1 克，膳食纤维 6.1 克，糖类 17.3 克，钙 348 毫克，磷 52 毫克，铁 4.7 毫克，锌 0.65 毫克。此外，还含有维生素 A 240 微克，维生素 B_1 0.01 毫克，维生素 B_2 0.1 毫克，维生素 E 0.85 毫克，烟酸 0.8 毫克，以及碘等多种微量元素。海带是一种碱性食物，经常食用会增加人体对钙的吸收，此外，海带中还含有碘等多种微量元素，有益健康。

海带性寒，味咸，无毒，具有软坚散结，消痰平喘，通行利水，祛脂降压等功效，可用于瘿瘤、瘰疬、疝气下坠、痈肿、宿食不消、小便不畅、咳喘、水肿、高血压等症。

海带菜肴风味独特，凉拌、荤炒、煨汤，无所不可。

海带性寒，脾胃虚寒者忌食。海带中含有一定量的砷，摄入过多的砷可引起慢性中毒，因此食用海带前，应先用水漂洗，使砷溶于水，浸泡24小时并勤换水，可使海带中的砷含量符合食品卫生标准。

(十四)虾　米

虾是我国人民十分喜爱的水产品，其味道鲜美，营养丰富，每100克中含蛋白质16.4克，脂肪2.4克，钙325毫克，磷186毫克，铁4毫克，锌2.24毫克。此外，还含有维生素A 48微克，维生素B_1 0.04毫克，维生素B_2 0.03毫克，维生素E 5.33毫克，以及细胞色素C和肌酸酐等营养成分。

虾性温，味甘，具有补肾养颜，通乳托毒，祛风化痰等功效。可用于阳痿、乳汁不下、丹毒、痈疮等症。现代医学研究表明，虾蛋白质含量高，并含有丰富的维生素E和碘、钙，吃虾对抗衰老和防缺钙有积极作用。

烹制青虾常采用油爆、炸、烩、卤、炒等，并可去壳加工成虾仁、虾丸等。白虾、米虾的肉质、鲜度高于青虾，但出水即死，一般除鲜食外，大多干制成虾米，烹调中多用于炒制，或剥虾仁，或剁肉制馅。虾米的滋味独特，可做成各种美味。一般来说，淡水虾米比海水虾米要好吃。虾子是一种味美且含丰富蛋白质的食物，常作为配料，但如用作主料也未尝不可。

购虾一定要选择虾体完整、虾壳不脱、外壳清晰鲜明、肌肉致密、尾节伸屈性强、体表洁净有干燥感的虾。新鲜虾的体内含有虾红素，与蛋白质结合后多呈青色或青白色。随着时间的延长，虾体中的蛋白质会在酶和微生物的作用下，逐渐水解，虾红素便逐渐分解出来，使虾体变红，此时虾的质量明显下降。凡是变质、变红、串血水、节间松弛，或有异常气味的生虾，均不宜购买食用。过敏性鼻炎、支气管哮喘、反复发作性过敏性皮炎、癣症、湿疹、风疹块、过

敏性腹泻等患者，约有20%的病人可由食物刺激而发作，而小儿则可高达56%，其中最常见的刺激食物就是虾。

（十五）牛 奶

牛奶为牛科动物奶牛的乳汁，每100克牛奶中含蛋白质3克，脂肪3.2克，糖类3.4克，钙104毫克，磷73毫克，铁0.3毫克，锌0.42毫克。此外，还含有维生素A 24微克，维生素$B_1$0.03毫克，维生素$B_2$0.14毫克，维生素E 0.21毫克，烟酸0.1毫克等营养成分。此外，还含有卵磷脂、胆固醇等。新鲜的消毒牛奶外观呈均匀胶态的流体，乳白色或稍带微黄色，无沉淀，无凝块和杂质，具有牛奶固有的香味，煮沸时不凝结。牛奶类脂肪包括饱和脂肪酸和不饱和脂肪酸，它们以较小的微粒分散于乳浆中，有利于消化吸收。女性乳房健康美观是美容美体的重要方面。牛奶及其制品不仅钙含量和生物利用率很高（奶钙吸收率可达60%以上，其他食物中的钙一般吸收率为30%左右），而且还含有人体所必需的优质蛋白质、维生素、无机盐、乳糖等，都可促进钙的吸收和利用。所以说，补钙最好喝牛奶。研究发现，从小喝牛奶且每日超过3杯牛奶的女性，罹患乳腺癌的几率可以减少二分之一。牛奶预防乳腺癌在于牛奶乳脂里的复合亚麻酸、亚油酸等成分。鲜乳中所含的糖为乳糖，甜度只有蔗糖的六分之一，可促进胃肠蠕动和消化腺分泌。

中医学认为，牛奶性平味甘，具有补虚羸、益肺气、润皮肤、解毒热、润肠通便等功效。

牛奶可以直接加热后饮用，亦可与其他饮料配合饮用，亦可用于菜肴制作，西餐中相对应用较多。奶制品用于烹制菜肴多以牛奶为主。烹制时常用牛奶代替汤汁成菜，如奶油菜心、牛奶凤尾笋等。用牛奶制作甜菜就更多了，如将牛奶由液体变为固体。用模具冷冻成形后挂糊炸制的炸冰激凌之类，而烩制的各类甜羹，以牛

奶辅以奶香也很常见。

有些人夏天贪图方便和凉快,常饮用冷牛奶等乳类食品,这种做法不好。在牛奶加热煮沸的过程中需注意颜色的变化,如有红、黄、蓝、灰色出现,说明有不同菌种污染。变色牛奶在静置时不易分辨,但加热后会显出各种颜色,并伴有异味表明牛奶已变质。有沉淀的变质牛奶不能饮用。对牛奶过敏,反流性食管炎,食管裂孔疝,腹腔和胃切除手术后,溃疡性结肠炎,肠道易激综合征,胆囊炎和胰腺炎,平时有腹胀、腹鸣、腹痛和腹泻等忌饮牛奶。

(十六)豆　浆

豆浆又称豆腐浆,是我国传统地道的中式早餐。豆浆与牛奶的不同之处,在于豆浆的低脂、低糖、营养安全、有益健康。在国际市场上,豆浆的价格开始超过牛奶。豆浆符合现代生活对保健饮食的营养要求,是名副其实的健康饮料。每100克豆浆含蛋白质3.2克,脂肪3.7克,糖类4.1克,钙27毫克,铁2.5毫克,维生素$B_1$0.03毫克,维生素$B_2$0.03毫克。现代研究表明,豆浆中的蛋白质与牛奶相比相差无几,豆浆含有人体必需氨基酸,其中富含其他植物蛋白所缺乏的赖氨酸,对儿童生长发育有益。豆浆所含脂肪中,80.5%以上为不饱和脂肪酸,其中亚油酸占50%以上。富含的卵磷脂,对心脏、大脑、心脑血管健康均有益。豆浆的含铁量高于牛奶,有利于防治贫血。豆浆是由大豆制成的,而大豆中富含大豆类黄酮(异黄酮、同黄素),无异于补充植物雌激素,而且大豆类黄酮对人体是绝对安全的。每日适量饮用鲜豆浆不仅因其所含植物蛋白(为完全蛋白质)、无机盐、维生素对机体健康有益,而且豆浆中含的大豆类黄酮,具有雌激素样的生物活性且无雌激素的不良反应。因此,非常适合希望丰胸健乳的女性食用。

豆浆性平,味甘。具有补虚、清火、化痰、通淋的医疗功效。适宜于虚劳咳嗽、痰火哮喘、便秘、淋浊等病人饮用。

生豆浆需要加热煮沸3～5分钟方可饮用，加适量白糖或精盐，一方面调口味，另一方面有助于消化吸收。不要用豆浆冲鸡蛋，以防蛋白质不易降解，影响其消化吸收。豆浆不宜与酸性食物同时进食，以防蛋白质凝固变性。豆浆不宜加红糖饮用，以防降低营养价值。豆浆不宜多饮，最好是热饮，以防消化不良。不宜用保温瓶存放豆浆，以防变质而致病。大豆磷脂具有降血脂、抗衰老、防癌抗癌等防治多种疾病的作用。但消化性溃疡、胃炎、糖尿病、肾病、伤寒、急性胰腺炎、痛风、半乳糖及乳糖不耐受症、肾脏疾病、苯丙酮酸尿症等患者不宜食用豆浆等豆类食品。

(十七)鸡　蛋

鸡蛋为雉科动物家鸡的卵，不但是人们日常生活中的理想蛋类食品，也是婴幼儿、孕产妇与年老体弱者的滋补佳品，以红壳鸡蛋为例，每100克可食部分中含蛋白质12.8克，脂肪11.1克，糖类1.3克，钙44毫克，磷182毫克，铁1.6毫克，锌0.02毫克。此外，还含有维生素A 194微克，维生素$B_1$0.13毫克，维生素$B_2$0.32毫克，维生素E 2.29毫克，烟酸0.2毫克等营养成分。此外，还含有对氨基苯甲酸等营养成分。现代研究表明，蛋白的主要成分是蛋白质，蛋黄含铁量较高，这些对丰胸健乳有益。鸡蛋黄中所含的卵磷脂除能丰胸、健脑外，还可使血液中的胆固醇和脂肪颗粒变小并保持悬浮状态，从而避免其在血管壁上沉积。

鸡蛋性平，味甘，无毒，具有滋阴润燥、养血安神的功效。鸡蛋吃法甚多，可采用蒸、煮、炒、炸、煎、熘、炖、烩、焖、熏、炝等各种烹调方法。

鸡蛋的蛋壳最容易受到大肠埃希菌的污染，一旦破壳，蛋壳表面的病菌就会侵入鸡蛋内并迅速繁殖，吃了这种鸡蛋就容易生病。蛋壳完好的鸡蛋，无论生、熟，都不要在室温条件下长期保存，应把鸡蛋放冰箱低温保存，以减少大肠埃希菌的繁殖。有些人吃了鸡

蛋后会胃痛，这是对鸡蛋过敏引起的，需经脱敏治疗后才能吃鸡蛋。高血脂患者吃蛋每天不宜超过1个，这样限量食用，既可补充优质蛋白质和调剂口味，又不影响血脂水平。

（十八）木　瓜

木瓜的果实木质，虽有浓香气，但涩不堪食，含有皂苷、黄酮类、维生素C、大量有机酸、鞣质、果胶及过氧化物酶、过氧化氢酶、酚氧化酶、氧化酶等成分，并富含17种以上氨基酸及多种营养元素。木瓜是我国民间的传统丰胸食品，维生素A含量极其丰富，而缺乏维生素A会妨碍雌激素合成。

木瓜是我国传统的中药材，其中所含的齐墩果成分是一种具有护肝降酶、抗炎抑菌、降低血脂等功效的化合物。中医学认为，木瓜性温，味酸，无毒，具有平肝和胃、去湿舒筋、清暑解毒的功效，适用于风湿筋骨痛、跌打扭挫伤、筋痉挛，以及肺病咳嗽、痰多等症。木瓜可配牛奶食用，也可以用来制作菜肴或粥食。

生食木瓜味道酸涩，但在木瓜成熟后摘下蒸煮，或制成蜜饯，可使酸味和果中皂苷成分减少，可供食用，并易为人体吸收。木瓜也是甜食佐料“青丝”、“红丝”的加工原料。木瓜味酸，多食木瓜会损伤牙齿。胃酸过多和积滞内停者忌食木瓜。

（十九）桃

桃是最古老的果品之一，它以果形美观、肉质甜美而堪称天下第一果。桃子的营养丰富，每100克可食部分中含蛋白质0.9克，脂肪0.1克，膳食纤维1.3克，糖类10.9克，钙6毫克，磷20毫克，铁0.8毫克，锌0.34毫克，还含有维生素$B_1$0.01毫克，维生素$B_2$0.04毫克，维生素C 7毫克，烟酸0.7毫克，挥发油，苹果酸，柠檬酸等营养成分。桃中富含维生素，有助于激素合成，对丰胸健乳有益。

桃子性微温，味甘、酸，具有生津润肠，活血消积等功效。可用

于肠燥便秘、瘀血肿块、肝脾大等症的辅助治疗。

桃子可鲜食，也可加工制成罐头、桃干、桃脯、桃酱、果酒、果汁等。桃仁可用于甜点、甜菜的配料。

桃子性微温，多食令人腹胀，生痈疖，凡内热有疮、面部痤疮之人宜少食。

(二十)香　蕉

香蕉是我国四大果品之一，气味清香芬芳，味甜爽口，肉软滑腻，惹人喜爱，被人们誉为水果中的“百果之冠”。香蕉营养丰富，每100克可食部分中含蛋白质1.4克，脂肪0.2克，膳食纤维1.2克，糖类20.8克，钙7毫克，磷28毫克，铁0.4毫克，锌0.18毫克，还含有胡萝卜素60微克，维生素$B_1$0.02毫克，维生素$B_2$0.04毫克，维生素C 8毫克，烟酸0.7毫克，以及少量的去甲肾上腺素和二羟基苯乙胺等成分。香蕉中富含维生素，有助于激素合成，对丰胸健乳有益。香蕉中含有血管紧张素转化酶抑制物质，可以抑制血压升高，高血压病患者可常食香蕉。此外，香蕉对某些药物诱发的胃溃疡有保护作用。通常情况下，胃黏膜能分泌黏液保护胃壁，由于大量服药或精神紧张，使胃黏膜受损，胃酸直接侵入胃壁，因此产生了溃疡。英国科学家发现未熟的香蕉里含有一种化学物质，能促进胃黏膜细胞生成，修复胃壁，阻止胃溃疡形成。

香蕉性寒，味甘而无毒，具有润肠通便，清热解毒，健脑益智，通血脉，填精髓，降血压等功效。主要用于便秘、酒醉、干渴、发热、皮肤生疮、痔血等症，有较高的药用价值。

香蕉不仅鲜食美味可口，而且可以制成蕉干、蕉粉、蕉汁、糕点、糖果、蕉酒等，可以制成色拉、甜点等菜肴。香蕉一般多作为水果食用，而用于制作菜肴品种则较少。从香蕉的营养成分和自身的芳香味来看，烹制出来的多种菜肴食之并不比其他水果逊色，并且有独特风味，甜香爽口，诱人食欲。

香蕉性寒，食人过多会影响胃肠功能。香蕉含糖亦多，进食后糖分在胃中发酵，人因此而腹胀便溏。慢性气喘、支气管炎患者，多吃香蕉对病情也有影响，所以，脾胃虚寒、慢性支气管炎患者宜少吃，气喘痰多者也不宜多吃。空腹时亦不宜多吃香蕉，因为香蕉含镁较多，过多食用会造成体液中钙、镁比值改变，使血镁度增加，对心血管系统产生抑制作用，引起明显的麻木感觉、肌肉麻痹，出现嗜睡乏力等症状。香蕉中含钾量也较高，急性和慢性肾炎病人不宜多吃香蕉，以免血钾浓度迅速增高，使病情加重。关节炎或肌肉疼痛者也不宜多吃香蕉，因为香蕉可使局部血液循环减慢，代谢产物堆积，加上含糖量较高，食后易使体内 B 族维生素消耗增加，使关节和肌肉疼痛加重。

(二十一)苹　果

苹果为世界四大水果(苹果、葡萄、柑橘和香蕉)之一，有“幸福果”的美称，它营养丰富，每 100 克可食部分中含蛋白质 0.3 克，脂肪 0.3 克，膳食纤维 0.8 克，糖类 12.5 克，钙 15 毫克，磷 7 毫克，铁 0.3 毫克，锌 0.06 毫克，还含有胡萝卜素 60 微克，维生素 $B_1$0.01 毫克，维生素 $B_2$0.02 毫克，维生素 C 4 毫克，烟酸 0.1 毫克，以及苹果酸、奎宁酸、酒石酸、芳香醇、鞣酸、果胶等。苹果中富含维生素，有助于激素合成，对丰胸健乳有益。苹果中含的大量苹果酸，可使积存在体内的脂肪分解，能防止体态过胖。苹果酸能降低胆固醇，具有对抗动脉硬化的作用。苹果也是防治高血压病的理想食品。高血压病的发生，往往与人体内钠盐的积累有关，人体摄取过量的钠，是中风和高血压病的主要成因，而苹果中含有一定量的钾盐，可将人体血液中的钠盐置换出来，有利于降低血压。孕妇在出现妊娠反应时宜适量吃些苹果，一则可以补充维生素等营养物质，再则可以调节水盐平衡，防止妊娠呕吐所致的酸中毒症状。常吃苹果或常饮苹果汁，能增加血红蛋白，使皮肤变得细嫩红

润，维护皮肤健美，对贫血患者有一定疗效。苹果还可迅速中和体内过量酸性物质，促使疲劳消除。

苹果性平，味甘、酸，具有补心益气，增强记忆，生津止渴，止泻润肺，健脾和胃，除烦，解暑，醒酒等功效。苹果除鲜食外，还可加工成果脯、果干、果酱、果汁、罐头、苹果酒、菜肴、点心、粥羹等。

苹果中含糖较多，食后应注意清洁牙齿，以免出现龋齿。吃苹果最好去皮，因为苹果病虫害的防治主要依靠化学药物，果皮中的农药残留量较高。

(二十二)樱　桃

樱桃营养丰富，每 100 克可食部分中含蛋白质 1.1 克，脂肪 0.2 克，膳食纤维 0.3 克，糖类 9.9 克，钙 4 毫克，磷 24 毫克，铁 0.3 毫克，锌 0.4 毫克，还含有胡萝卜素 10 微克，维生素 $B_2$0.03 毫克，维生素 C 23 毫克，烟酸 0.3 毫克，以及柠檬酸、酒石酸等有机酸。樱桃中富含维生素，有助于激素合成，对丰胸健乳有益。

樱桃性温，味甘、酸，具有益脾养胃，滋养肝肾，涩精止泻，祛风湿等功效。可用于四肢麻木、咽炎、身体虚弱、风湿腰腿疼痛、冻疮等症。

樱桃是色、香、味、形俱佳的鲜果，除了鲜食外，还可以加工制作成樱桃酱、樱桃汁、樱桃罐头和果脯、露酒等，具有艳红色泽，杏仁般的香气，食之使人迷醉。樱桃也是菜肴极好的配料。樱桃性温而发涩，易导致内热，不宜过多食用。凡有热病、咳嗽者慎食。

(二十三)柿　子

柿子具有丰富的营养价值，每 100 克可食部分中含蛋白质 0.4 克，脂肪 0.1 克，膳食纤维 1.4 克，糖类 17.1 克，钙 9 毫克，磷 23 毫克，铁 0.2 毫克，锌 0.08 毫克，还含有胡萝卜素 120 微克，维生素 $B_1$0.02 毫克，维生素 $B_2$0.02 毫克，维生素 C 30 毫克，烟酸

0.3 毫克等营养成分。柿子中富含维生素,有助于激素合成,对丰胸健乳有益。柿饼中含铁量较为丰富,有补血功能,可使女性血气功能正常,体态丰满,胸部也能自然发育。

柿子性寒,味甘、温而涩,具有清热止渴,润肺化痰,健脾涩肠,凉血止血,平肝降压,镇咳等功效。可用于热渴、咳嗽、呕血、口疮、痔疮、肠出血等症。

柿子除鲜食外,还可制成柿饼、柿酒、柿醋等。也可作为制作粥、羹、糕、饼、冷饮、菜肴的原料。

柿子中含有大量的柿子酚、可溶性收敛剂、果胶等,这些成分遇酸会凝成不溶性硬块,小者如枣核,大者似鸡蛋,滞留胃内难以消化排出形成“胃柿石症”,患者会感到心口痛、恶心、呕吐。如果小块的柿石不能排出,会随着胃蠕动而聚积成较大的团块,将胃的出口堵住,胃内压逐渐升高,引起胃部胀痛,如原来患有溃疡病,可引起出血甚至穿孔。因此,柿子不宜空腹吃,一次不要吃得太多,吃柿子后不要进食酸性食品,不成熟的柿子忌食。

(二十四)李　子

李子酸中沁甜又清香,脆美可口,营养丰富,每 100 克可食部分中含蛋白质 0.7 克,脂肪 0.2 克,膳食纤维 0.9 克,糖类 7.8 克,钙 8 毫克,磷 11 毫克,铁 0.6 毫克,锌 0.16 毫克,还含有胡萝卜素 150 微克,维生素 $B_1$0.03 毫克,维生素 $B_2$0.02 毫克,维生素 C 5 毫克,烟酸 0.1 毫克,以及天冬素、谷氨酰胺等成分。李子中富含维生素,有助于激素合成,对丰胸健乳有益。

李子性平,味甘、酸,具有清肝涤热,生津利水等功效。可用于虚劳骨蒸盗汗、消渴引饮、肝病腹水、湿热瘀血等病症的辅助食疗。

李子除供鲜食外,还可制作蜜饯、李脯、话李、李干、果酒、罐头及粥羹、饮料等。食用李子应有节制,多食生痰。脾胃虚弱者亦不宜多食。

(二十五)橄　榄

橄榄为橄榄科植物橄榄的果实,又名青果、青子、青橄榄、橄榄子、谏果、忠果、山榄、白榄、黄榄、甘榄、黄榔果等。橄榄的果实中含有人体必需的多种营养素,每100克可食部分中含蛋白质1.2克,脂肪1克,膳食纤维4.1克,糖类12克,钙204毫克,磷60毫克,铁1.4毫克。此外,还含有胡萝卜素130微克,维生素$B_1$0.04毫克,维生素$B_2$0.04毫克,维生素C 21毫克,烟酸0.1毫克,以及香树脂醇、鞣质等。橄榄中富含维生素,有助于激素合成,对丰胸健乳有益。

橄榄性平,味甘、酸、微涩,具有清热解毒、生津止渴、清肺利咽的功效,可用于治疗咽喉肿痛、烦热干渴、呕血、菌痢等症。

橄榄有白榄与乌榄之分。白榄果实初熟时为黄绿色,后变黄白色,果面有皱纹,通常鲜食,乌榄肉苦涩,不能生食,多腌制后食用,可加工成五香橄榄、盐渍橄榄、糖渍橄榄等。乌榄的核仁甘美可食,是制作糕点馅料的佳品,亦可烹成橄榄仁炒鸡丁等佳肴。橄榄仁还可榨油,出油率达43%。胃酸过多者不宜食用。

(二十六)大　枣

大枣为鼠李科植物枣树的果实,又名枣、大枣、干枣、美枣、刺枣、良枣等。大枣质细味甜、皮薄肉厚、营养丰富,每100克干品中含蛋白质3.2克,脂肪0.5克,膳食纤维6.2克,糖类61.6克,钙64毫克,磷51毫克,铁2.3毫克。此外,还含有维生素A 10微克,维生素$B_1$0.04毫克,维生素$B_2$0.16毫克,维生素C 14毫克,烟酸0.9毫克,以及有机酸、皂苷、生物碱、黄酮类物质等。现代研究表明,大枣中的黄酮类物质有助于女性激素的合成,可促进内分泌功能正常,使人血足气盛,胸部丰满,被认为是天然的美体丰胸保健品。

大枣性温,味甘,具有养胃健脾、益血壮身、益气生津等功效,适用于胃虚食少、脾弱便溏、气血津液不足、营卫不和、心悸怔忡、妇人脏燥等症。

大枣的食法多种多样,但都以甜食为主,煮大枣汤、熬大枣粥,还可做甜羹、包粽子、蒸糖糕和八宝饭等。食用大枣应根据不同甜食的需要和制法来选用大枣或小枣。大枣肉松易烂,宜急火少煮,小枣肉质坚实,宜小火多煮。爱喝汤的宜用大枣,爱吃枣的宜用小枣。蒸糕的用大枣,熬粥的用小枣。大枣还可以做菜,广东、海南人煲汤,喜欢放几个枣为作料。

因大枣助湿生热,令人中满,故湿盛脘腹胀满者忌服。痰热咳嗽者忌服。

(二十七)核　桃

核桃为胡桃科落叶乔木胡桃的果实。在 9～10 月果熟时采收,除去硬质果壳,晒干敲破,取出种仁生用或炒用。核桃仁是很好的滋补品,每 100 克干品中含蛋白质 14.9 克,脂肪 58.8 克,膳食纤维 9.5 克,糖类 9.6 克,钙 56 毫克,磷 294 毫克,铁 2.7 毫克。此外,还含有维生素 A 30 微克,维生素 $B_1$0.15 毫克,维生素 $B_2$0.14 毫克,烟酸 0.9 毫克。鲜核桃仁可食,甘美适口。核桃仁富含脂肪和维生素,对丰胸健乳非常有益。核桃仁中含有丰富的不饱和脂肪酸,其分子中不饱和的双键,具有与其他物质相结合的能力,可以提高大脑功能,并有利于降低胆固醇,防止动脉硬化。常吃核桃仁能促进毛发生长,使人皮肤细腻,提高脑神经功能,有补脑作用。每天早晚各吃 1～2 个核桃仁,可以起到滋补、抗衰老的作用。核桃仁中所含有的微量元素锌、锰、铬等与心血管健康及保持内分泌的正常功能和抗衰老等都有密切关系。

核桃仁性温,味甘,具有补肾、温肺定喘、润肠等功效,适用于肾虚喘咳、腰痛脚软、阳痿、遗精、小便频数、大便燥结等症。

核桃仁炒食香味浓，亦可做配料用于冷菜素馔，还可加工成美味糕点，并可制成核桃仁汁、核桃仁补酒、核桃仁露等食品。此外，核桃仁还可榨油，核桃仁油是一种颇受欢迎的高级食用油。核桃仁是四季皆宜的滋补食物，江南一带每年从冬至到立春，民间有食补的习惯，此时核桃仁的消费量很大，食法也很多，如将核桃仁和白糖捣烂，蒸熟，每天用开水、豆浆或黄酒搅调饮服。也可将核桃仁捣烂后，和阿胶等加黄酒煎成滋补胶，蒸热服用。核桃仁还可炒食、煮粥或用于制作菜肴。口干、口苦、手足心发热者不宜多吃，特别是不能吃炒制的核桃仁。喘咳黄痰或大便稀烂时不宜食用。

(二十八)桂　圆

桂圆为无患子科植物龙眼的果实，又名圆眼、龙眼、益智、蜜脾、绣木团、骊珠、海珠丛、龙目、川弹子、亚荔枝等。桂圆自古以来就被视为滋补佳品，其营养成分确非一般水果可比。每 100 克桂圆肉含蛋白质 4.6 克，脂肪 1 克，膳食纤维 2 克，糖类 71.5 克，钙 39 毫克，磷 120 毫克，铁 3.9 毫克。此外，还含有维生素 $B_1$0.04 毫克，维生素 $B_2$1.03 毫克，维生素 C 27 毫克，烟酸 8.9 毫克，以及有机酸、腺嘌呤、胆碱等成分。桂圆富含维生素，可以帮助激素合成，腺嘌呤等成分可以促进内分泌，对丰胸健乳非常有益。桂圆有延寿作用，这是因为它能抑制使人衰老的黄素蛋白的活性。桂圆中所含维生素 P 对人体有特殊功效，能增强血管弹力、强度、张力、收缩力，使血管完整，保持良好功能。

桂圆性平，味甘，具有开胃益脾、养血安神、养颜益气、补虚长智的功效，适用于思虑过度，劳伤心脾引起的惊悸怔忡、失眠健忘、食少体倦、脾虚气弱、便血崩漏、气血不足、贫血等症。

桂圆可供鲜食，肉质鲜嫩，色泽晶莹，香味浓郁，鲜美爽口。除鲜食外，可于初秋果实成熟时采摘，烘干或晒干，剥开果皮，取肉去核，晒至干爽不黏，贮存备用。还可加工成罐头、桂圆膏等。桂圆

还可做八宝饭，加莲子、大枣等可做粥，亦可做菜点的原料。桂圆干煮汤、煮粥，每次用量以 15 克左右为好，特别是一同加有其他药物时，量不宜太大。若单独煮水饮，可用至 30 克(1 个人量)。

素有痰火及湿滞停饮者应慎食，最好忌服。小儿、体壮者也应少食。

(二十九)花　生

花生为豆科落花生属一年生草本植物落花生的种子，又名长生果、落花生、落地生、地豆、南美豆、及地豆、香豆等。花生营养丰富，每 100 克干花生仁中含蛋白质 26.2 克，脂肪 39.2 克，糖类 22 克，膳食纤维 2.5 克，钙 67 毫克，磷 378 毫克，铁 1.9 毫克，胡萝卜素 4 微克，维生素 B_1 1.03 毫克，维生素 B_2 0.11 毫克，维生素 C 2 毫克，烟酸 10 毫克，以及少量的磷脂、嘌呤、生物碱、三萜皂苷和无机盐等。花生是高蛋白食品，并富含维生素，可以帮助激素合成，有益于丰胸健乳。花生仁可缩短凝血时间。花生衣能抗纤维蛋白的溶解，促进骨髓制造血小板，缩短出血时间，从而起到止血的作用，因而对血小板减少性紫癜、再生障碍性贫血的出血、血友病、类血友病、先天性遗传性毛细血管扩张出血症等有一定的治疗作用。近年来的研究还表明，花生壳提取液有明显的降血压作用，并有随着剂量的增加和疗程的延长而有增强其作用的趋势，其降血压作用，主要是扩张周围血管，降低周围血管阻力的结果。

花生仁煮熟性平，炒熟性温，具有和胃、润肺、化痰、补气、生乳、滑肠的功效，适用于营养不良、咳嗽痰多、产后缺乳等症，对慢性肾炎、腹水、声音嘶哑等病也有辅助治疗作用。

花生蛋白质属于优质蛋白，容易被人体吸收，消化系数高达 90%左右。花生蛋白质经适当加工，可加入香肠、面包、点心等食品中，味道更美。

胆囊切除或患有胆道病的人，不宜食用花生，因为花生含油脂

多，消化时要耗掉胆汁。已经患有动脉硬化、心血管疾病的人亦不宜食用花生，因为花生会缩短凝血时间，促进血栓形成。发霉的花生含有黄曲霉素，不能食用。

(三十)莲　子

莲子为睡莲科植物莲的种子或果实，产于浙江及南方各地池沼湖塘中，以湖南出产的湘莲最负盛名。8～9 月采收成熟莲房，取出果实，除去果皮晒干备用。每 100 克干品中含蛋白质 17.2 克，脂肪 2 克，膳食纤维 3 克，糖类 64.2 克，钙 97 毫克，磷 550 毫克，铁 3.6 毫克。此外，还含有维生素 $B_1$0.16 毫克，维生素 $B_2$0.08 毫克，烟酸 4.2 毫克等。莲子是高蛋白食品，并富含维生素，可以帮助激素合成，有益于丰胸健乳。

莲子性平，味甘、涩，具有补脾养心、益肾、降压的功效，适用于脾虚泻痢、睡眠不安、白带过多等症。

日常食用莲子时，可用开水浸泡，去皮去心，再放入锅中煮烂。亦可与米同煮，加冰糖，制成莲子粥，适宜于中老年人食用。莲子生吃宜取鲜嫩者，但不宜多吃，免伤脾胃。

外邪犯肺，有中热咳时不宜服用莲子。有湿热积滞表现的急性痢疾病人不宜食用莲子。

(三十一)芝　麻

芝麻为胡麻科一年生草本植物脂麻的种子，又名脂麻、胡麻、巨胜、油麻、黑脂麻、乌麻子。芝麻有黑白两种，我国各地均有栽培。每 100 克黑芝麻中含蛋白质 19.1 克，脂肪 46.1 克，膳食纤维 14 克，糖类 10 克，钙 780 毫克，磷 516 毫克，铁 22.7 毫克，锌 6.13 毫克。此外，还含有维生素 $B_1$0.66 毫克，维生素 $B_2$0.25 毫克，维生素 E 50.4 毫克，烟酸 5.9 毫克。芝麻中的脂肪油多为不饱和脂肪酸，其中有亚油酸、棕榈酸、花生酸等，还含芝麻素、芝麻林素、芝

麻酚、卵磷脂等成分。芝麻中含有大量的脂肪和多种维生素，铁、钙的含量也很丰富，这些对丰胸健乳均有良好的作用，爱美女性宜经常食用。芝麻中还含有多种抗衰老物质，如油酸、亚油酸、亚麻酸等不饱和脂肪酸。它含有天然维生素E，这是具有重要价值的营养成分。维生素E能清除生物膜内产生的自由基，从而可阻止生物膜被氧化，大剂量维生素E可保护胰岛细胞，并有助于缓解神经系统症状。黑芝麻对肠燥津虚、血虚的便秘有润肠通便的作用，并对糖尿病患者自主神经功能失调引起的便秘亦很有效。

芝麻性平，味甘，具有滋养肝肾、润燥滑肠的功效，适用于肝肾不足、病后体弱、神经衰弱、乳汁不足、头发早白、贫血萎黄、高血压、冠心病、大便秘结、阳痿、耳鸣、慢性风湿性关节炎等病症。

芝麻不仅是重要的油料，也是优良的食用杂粮。用芝麻加工成的芝麻香油，俗称小磨香油，其色泽金黄，味美可口，清雅，诱人食欲，不仅是一种高级的营养佳品，而且还是各种炒、蒸、炖、凉拌等菜肴中最理想的调味品。孕妇不宜大量食用芝麻；大便泄泻者也不宜食用芝麻；阳痿精滑者应慎食。

（三十二）枸杞子

枸杞子为茄科植物宁夏枸杞的成熟果实，简称枸杞，又名杞子、枸杞豆、枸杞果等。枸杞子秋天采摘，既是名贵药材，也是席上佳珍。枸杞子营养丰富，每100克中含蛋白质13.9克，脂肪1.5克，膳食纤维16.9克，糖类47.2克，钙60毫克，磷209毫克，铁5.4毫克。此外，还含有胡萝卜素9 750微克，维生素$B_1$0.35毫克，维生素$B_2$0.46毫克，维生素C 48毫克，烟酸4毫克，以及甜菜碱、酸浆红色素、隐黄尿酸等成分。现代研究表明，枸杞子能促进内分泌功能正常，有益于丰胸健乳。

枸杞子性平，味甘，具有补肾润肺、生精益气、补肝明目等功效，适用于肝肾阴亏、腰膝酸痛、头晕目眩、目昏多泪、虚劳咳嗽、消

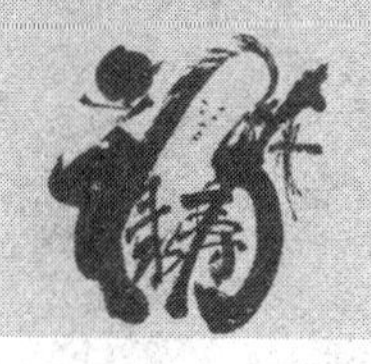

渴、遗精等症。

枸杞子可单味食用，也可与其他食物配伍，做成营养丰富的药膳；枸杞嫩叶也可入肴。凡外邪实热、脾虚泄泻者忌食。

(三十三)葵花子

葵花子为菊科一年生草本植物向日葵的种子。我国栽培的向日葵有食用型、油用型和兼用型3类。葵花子仁是一种营养丰富的食品，每100克干品中含蛋白质23.9克，脂肪49.9克，膳食纤维6.1克，糖类13克，钙72毫克，磷238毫克，铁5.7毫克。此外，还含有维生素A 30微克，维生素B_1 0.36毫克，维生素B_2 0.2毫克，烟酸4.8毫克等。葵花子含有丰富的脂肪和多种维生素，铁、钙的含量也很丰富，这些对丰胸健乳均有良好的作用，爱美女性宜经常食用。

葵花子性平，味甘，无毒，具有平肝祛风、清热利湿、理气消滞的功效，适用于脾胃虚弱之气短乏力、大便无力、痈疮不溃、肠道寄生虫等症。

葵花子可供榨油，油中脂肪均为不饱和脂肪酸，有助于人体发育和生理调节。不饱和脂肪酸能促进人体细胞再生，有助于减少胆固醇在血液中的淤积，降低血糖，防止人体老化。葵花子通常炒食，香脆可口，是人们普遍喜爱的一种消遣性食品。此外，葵花子仁还可作加工糕点的辅料。

葵花子虽有益健康，但肝病患者不宜过多食用，因为葵花子中不饱和脂肪酸含量高，过多摄入会消耗大量的胆碱，使体内脂肪代谢发生障碍，肝脏堆积脂肪过多，肝细胞功能便遭到破坏，造成肝功能障碍和结缔组织硬化或肝组织坏死。

(三十四)莴　苣

莴苣为蔬中美食，每100克中含蛋白质1克，脂肪0.1克，膳

食纤维 0.6 克，糖类 2.2 克，胡萝卜素 150 微克，维生素 A 25 微克，维生素 B_1 0.02 毫克，维生素 B_2 0.02 毫克，维生素 C 4 毫克，烟酸 0.5 毫克，钙 23 毫克，磷 48 毫克，铁 0.9 毫克，还含有乳酸、苹果酸、琥珀酸、莴苣素、天冬碱等营养成分。据测定，莴苣叶里营养物质的含量比莴苣茎高，应茎叶同食。民间一向认为莴苣是天然的丰乳食品，这可能与其雌激素样作用有关。而莴苣中的多种维生素成分也能帮助雌激素的合成，有益于女性丰胸健乳。莴苣的乳状浆液味道清新，稍带苦味，可刺激消化，有助于增强食欲。食用莴苣可增强胃液和消化酶的分泌，增加胆汁分泌量，刺激消化道各器官的蠕动。莴苣对消化无力、胃酸少、患有便秘的人特别有用。在高血压和心脏病患者的饮食中，莴苣起着医疗作用。因为莴苣中的钾含量比钠高 27 倍，这一比例有利于人体内的水平衡。

莴苣性凉，味苦，具有利五脏，通经脉，开胸膈，利气，坚筋骨，白牙齿，明耳目，通乳汁，利小便等功效。凡胸膈烦热，咳嗽痰多，小便不利及尿血者宜食。产后乳汁不通亦可酌食。

莴苣是一种美味可口的春季蔬菜，莴苣茎肥如笋，叶富含营养，鲜嫩味美。莴苣茎、叶均可做菜，可烧、炒、拌、炝，也可用它做汤或做配料。以它为原料的菜有"烧莴苣、炝辣莴苣、糖醋莴苣、莴苣汤"等。并可加工成腌菜、酱菜、泡菜等。

虽然莴苣食药均宜，但也有一些人不宜食用莴苣。患磷酸盐尿病时不要多吃莴苣，因为莴苣中含有许多碱性物质。草酸尿病人也不宜吃莴苣，因为莴苣中含有草酸和嘌呤。此外，因莴苣性凉，脾胃虚寒者也不宜多吃。

(三十五)番　茄

番茄被称为"神奇的菜中之果"，它营养丰富，每 100 克中含蛋白质 0.9 克，脂肪 0.2 克，膳食纤维 0.5 克，糖类 3.5 克，胡萝卜素 110 微克，维生素 A 92 微克，维生素 B_1 0.03 毫克，维生素 B_2 0.03

毫克，维生素 C 19 毫克，烟酸 0.6 毫克，钙 10 毫克，磷 2 毫克，铁 0.4 毫克，还含有维生素 K、维生素 P、苹果酸、柠檬酸等物质。每人每天吃新鲜的番茄 100～200 克，便可满足一天中的维生素和主要无机盐的需求。番茄中的黄酮类物质和多种维生素成分能帮助雌激素的合成，有益于女性丰胸健乳。番茄中的维生素 C 含量虽不高，但因其有抗坏血酸酶和有机酸的保护而不易被破坏。维生素 C 可软化血管而防止动脉硬化，可与亚硝胺结合而具有防癌抗癌作用。番茄中的烟酸既可保护人体皮肤健康，又能促进胃液正常分泌和红细胞生成。番茄中的谷胱甘肽物质可延缓细胞衰老，有助于消化和利尿。番茄中的纤维素可促进胃肠蠕动和促进胆固醇由消化道排出体外，因而具有降低血胆固醇和通便的作用。

番茄性平，味甘、酸，具有生津止渴，健胃消食，凉血平肝，清热解毒的功效。可用于高血压病、眼底出血、热性病发热、口干渴、食欲缺乏等症。

番茄果实肉厚汁多，番茄既可生吃，又可熟食，且适用于炒、拌、腌等多种烹调方法，可作主料，可作配料，尚可加工番茄酱、番茄干、番茄粉和番茄罐头等，也可以酿制酒和醋。

虽然多吃番茄有益于人体健康，但要严格做到三不吃：①不吃青色番茄。未熟的番茄中含有龙葵素，食之会有不适感。特别是口腔会感到苦涩，严重者出现口干、发麻、恶心、呕吐、腹泻等中毒症状。当番茄成熟变红后，龙葵素会因酸的成分增多而水解，变成无毒物质，此时吃起来才又酸又甜。②不空腹吃番茄。番茄中的一些化学物质易与胃酸作用生成不易溶解的硬块。空腹时胃酸多而易形成硬块，堵塞胃内容物的排出，引起胃扩张，发生腹胀、腹痛等症状，饭后因胃酸与食物混合而降低酸度，此时吃番茄可避免上述症状。③不吃带皮或变质的番茄。生吃番茄应洗净开水烫，然后剥皮食用，以免皮上虫卵、病菌和农药等污染物危害人体健康。腐烂变质的番茄应弃之勿食，否则有可能引起腹泻和食物中毒。

(三十六)茄　子

茄子为茄科茄属一年生草本植物,可分为圆茄、长茄和矮茄3种。每100克茄子中含蛋白质1.1克,脂肪0.2克,膳食纤维1.3克,糖类3.6克,胡萝卜素50微克,维生素$B_1$0.02毫克,维生素$B_2$0.04毫克,维生素C 5毫克,烟酸0.6毫克,钙24毫克,磷2毫克,铁0.5毫克,以及维生素P、水苏碱、胡芦巴碱、胆碱、龙葵碱等营养成分。茄子中的多种维生素和生物碱成分能帮助雌激素的合成,有益于女性丰胸健乳。茄子中的维生素E和维生素P含量较高,可以提高毛细血管抵抗力,改善毛细血管脆性,可防止出血,并有抗衰老功能。茄子中的水苏碱、胡芦巴碱、胆碱等物质,可以降低血液中的胆固醇水平,对预防冠心病等有很好的作用。

茄子性寒、凉,味甘,无毒,具有清热活血,止痛消肿,祛风通络,利尿解毒等功效。可用于腹痛,腹泻,小便不利,肠风便血,乳头破裂,冻疮,口疮,蛇伤等。

茄子是夏秋之季上市的大宗蔬菜之一。从颜色上看,有紫茄、青茄、黄茄、白茄等,以白茄、紫茄为上品。茄子在烹调中可荤可素,吃法很多,适用于炒、烧、拌、熬、焖、炸、熘、蒸、烹等烹调方法,也可干制、精盐渍,是家常必食之菜肴。茄子喜油,香而不腻,多与肉同烧同炖,也可素拌茄泥等。茄子好处虽多,但其性滑利,脾虚泄泻、消化不良者不宜多食。

(三十七)大　蒜

大蒜为百合科葱属一二年生草本植物,大蒜的鳞茎其蒜叶和蒜苗均可作蔬菜食用。人们常喜欢把大蒜作为调料,因为炒菜做汤时加入适量的大蒜,能增加菜和汤的香味。大蒜的营养也很丰富,每100克蒜头的可食部分中含蛋白质4.5克,脂肪0.2克,膳食纤维1.1克,糖类26.5克,钙39毫克,磷117毫克,铁1.2毫

克。此外，还含有维生素 B_1 0.24 毫克，维生素 B_2 0.06 毫克，维生素 C 7 毫克，烟酸 0.6 毫克以及大蒜辣素、大蒜氨酸、挥发油和微量元素硒等。大蒜中的多种维生素成分能帮助雌激素的合成，有益于女性丰胸健乳。大蒜的化学成分复杂，民间一向认为其对性腺有刺激作用，有一定的助性功能。这种未明机制的作用可能与内分泌有关。大蒜不仅是很好的蔬菜和调料，而且是天然植物抗生素，大蒜富含抗菌性物质大蒜辣素，对痢疾杆菌、大肠埃希菌、枯草杆菌、伤寒杆菌、结核杆菌、霍乱弧菌、白喉杆菌、金黄色葡萄球菌，均有杀灭作用，并能杀灭阴道滴虫和羌虫热立克次体。大蒜具有抗癌作用。冠心病病人服用大蒜油 5 个月，胆固醇可降低 10%，三酰甘油可降低 21%。大蒜可以预防脑血栓形成，糖尿病患者容易合并冠心病和脑血栓形成，大蒜素则能降低血糖，所以它对冠心病和血栓形成有预防作用。大蒜还由于含有一种配糖体而具有降压作用。铅生产工人在不脱离中毒铅浓度的环境下，坚持每天吃 105 克生大蒜，就不会发生铅中毒。

大蒜性温，味辛，具有杀虫除湿、温中消食、化食消谷、解毒、破恶血、攻冷积等功效。以蒜入馔用法很多，大蒜在烹饪中既可当蔬菜，又可作为调料。它在烹饪中主要作用是去腥增香。如炖鱼、烧海参等，均需在烧、炖时投入蒜片或拍碎的蒜瓣。在烹调羊肉、狗肉、鱼虾等带有腥膻气味的菜肴时，只要加进适量蒜头，就会使这些食物的味道变得更加鲜美。在制作咸味带汁的菜肴中，加点大蒜可使菜肴散发香味，如烧茄子、炒猪肝等。把大蒜蓉与葱段、生姜末、黄酒、淀粉等对成汁，可用于溜炒类等佳肴。大蒜还可用于凉拌菜，把蒜瓣拍碎，放适量精盐水。大蒜是产热之品，食用过多会动火、耗血，并影响视力。

(三十八)洋　葱

洋葱为百合科多年生草本植物洋葱的鳞茎，具有扑鼻的香气，

是深受人们喜爱的一种调味蔬菜。洋葱的营养丰富，每 100 克中含蛋白质 1.1 克，脂肪 0.2 克，膳食纤维 0.9 克，糖类 8.1 克，钙 24 毫克，磷 39 毫克，铁 0.6 毫克，锌 0.23 毫克。此外，还含有维生素 A 20 微克，维生素 B_1 0.03 毫克，维生素 B_2 0.03 毫克，维生素 C 8 毫克，烟酸 0.3 毫克。洋葱中含有刺激性激素合成的某些复杂化学成分，对女性丰胸健乳有益。洋葱能溶血栓，也能抑制高脂肪饮食引起的血胆固醇升高。洋葱中还含有一种能够降低血糖的物质甲苯磺丁脲，有明显的降糖作用。洋葱中还含有前列腺素 A，而前列腺素 A 是较强的血管扩张剂，能降低外周血管阻力，使血压下降。它能增加肾血流量和尿量，促使钠和钾的排泄。洋葱内的槲皮苦素在人体黄酮醇的诱导作用下，可以成为一种药用配糖体，具有很强的利尿作用。洋葱中的挥发性物质硫化丙烯具有杀菌作用，能杀灭金黄色葡萄球菌、白喉杆菌等。洋葱中的硒元素能刺激人体免疫反应，使环磷腺苷酸增多，抑制癌细胞的分裂和生长，还能使致癌物的毒性降低。

洋葱性温，味辛，具有温肺化痰、解毒杀虫的功效，可用于腹中冷痛、宿食不消、高血压病、高脂血症、糖尿病等。

洋葱甜润而白嫩，入馔多用作配料，偶可单独烹调成菜，还可用作调味底料。适宜于煎、炒、爆、氽、拌、炖、煮等烹调方法，刀工处理上可切成片、丝、小块、小丁、末等。洋葱之所以能烹调出浓郁的香气，是因为洋葱含有挥发性物质硫醇和多种不饱和的含硫芳香烃，一经高温烹调便香气四溢。在切洋葱时，它还能散发出有强烈的刺激性的气体，能刺激人的眼睛流泪，这种刺激性的气味来源于二烯丙基二硫化物和二烯丙基硫醚，此二物能与泪水结合生成微量的硫酸和乙醛，令人双目难受和睁不开。为避免洋葱对眼睛的刺激，可把洋葱浸在水里切，使散发出的气体溶解在水里。食洋葱过多易产气，引起腹部胀气，其气味令人不快。

(三十九)黄　瓜

黄瓜为大众化的减肥护肤瓜菜，它营养丰富，每 100 克中含蛋白质 0.8 克，脂肪 0.2 克，膳食纤维 0.5 克，糖类 2.4 克，胡萝卜素 90 微克，维生素 $B_1$0.2 毫克，维生素 $B_2$0.03 毫克，维生素 C 9 毫克，烟酸 0.2 毫克，钙 24 毫克，磷 24 毫克，铁 0.5 毫克等营养成分。黄瓜瓤中还含有较丰富的维生素 E，不妨连瓤一起食用。黄瓜中多种维生素成分能帮助雌激素的合成，有益于女性丰胸健乳。黄瓜中含有一种挥发性芳香油，因而产生清香味，可以刺激人们增加食欲。黄瓜中还含有芸香苷、异槲皮苷，以及苦味成分葫芦素 A、葫芦素 B、葫芦素 C、葫芦素 D 等。鲜黄瓜中的丙醇二酸可抑制糖转化为脂肪，因而有助保持体态的匀称。

黄瓜性寒，味甘，无毒，具有清热解渴，减肥利尿等功效。可用于烦热口干，小便不畅，四肢水肿，腹胀等症。

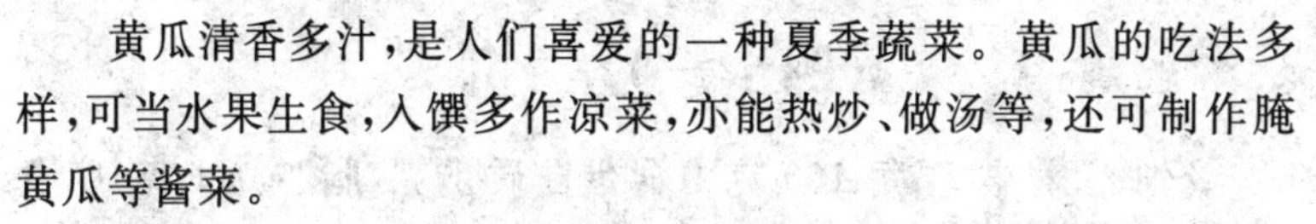

黄瓜清香多汁，是人们喜爱的一种夏季蔬菜。黄瓜的吃法多样，可当水果生食，入馔多作凉菜，亦能热炒、做汤等，还可制作腌黄瓜等酱菜。

食用黄瓜的好处虽多，但其性寒，脾胃虚寒者不宜多食。另外，黄瓜易受污染，因此，生吃黄瓜时最好刮皮，凉拌时应冲洗干净，再加食醋和大蒜调味，可以杀菌消毒，防止肠道传染病。

(四十)苦　瓜

苦瓜为夏令良蔬，它营养丰富，每 100 克中含蛋白质 1 克，脂肪 0.1 克，膳食纤维 1.4 克，糖类 3.5 克，胡萝卜素 100 微克，维生素 $B_1$0.03 毫克，维生素 $B_2$0.03 毫克，维生素 C 56 毫克，烟酸 0.4 毫克，钙 14 毫克，磷 35 毫克，铁 0.5 毫克等营养成分。苦瓜中的多种维生素成分能帮助雌激素的合成，有益于女性丰胸健乳。

苦瓜味苦，生则性寒，熟则性温，无毒。生则具有清暑泻热，明

目解毒的功效，熟则具有养血滋肝，润脾补肾的功效，可用于中暑、痢疾、赤眼疼痛、痈肿丹毒、恶疮等症。现代医学研究表明，苦瓜的苦味中含有较多的奎宁，所以能清火解热。苦瓜中的蛋白质类物质还具有防癌作用，可使患癌老鼠的存活时间延长。苦瓜中含有类似胰岛素的物质，可以降低血糖，糖尿病患者日常食用苦瓜，可有一定的疗效。

苦瓜有苦味，但习惯以后清香爽口，别有风味。苦瓜可生吃亦可熟食。生吃需用糖拌，食之甜脆清香。如不习惯苦瓜的苦味，食用时可将苦瓜切开，用精盐稍腌片刻，然后炒可减轻苦味；或将苦瓜切开，放水中浸泡后烹饪，也可使苦味减弱。熟食多作其他菜的配料，用苦瓜焖鱼，鱼肉块不沾苦味，因此苦瓜又有"君子菜"的美名。苦瓜还适合于炒、煎、烧、蒸、酿等烹调方法，并可做汤。既可以用作主料，也可作配料。食用苦瓜好处虽多，但脾胃虚寒者不宜生食，以免食后导致吐泻、腹痛。孕妇亦不宜食用。

（四十一）丝　瓜

丝瓜营养丰富，每 100 克中含蛋白质 1 克，脂肪 0.1 克，膳食纤维 0.6 克，糖类 3.6 克，胡萝卜素 90 微克，维生素 B_1 0.02 毫克，维生素 B_2 0.04 毫克，维生素 C 5 毫克，烟酸 0.4 毫克，钙 14 毫克，磷 29 毫克，铁 0.4 毫克。丝瓜中的皂苷类物质和多种维生素成分能帮助雌激素的合成，有益于女性丰胸健乳。丝瓜中还含有干扰素诱生剂，能刺激人体产生干扰素，增强人体免疫功能。丝瓜还有养颜、护肤、防皱的美容作用。丝瓜中的苦味物质及黏液汁具有化痰作用。

丝瓜性凉，味甘，无毒，具有祛暑清心，凉血解毒，通络行血，利肠下乳等功效。可用于痈疽疮肿，痘疹胎毒，大小便下血，湿热筋骨痛，妇女乳闭，痔漏崩中等症。

丝瓜鲜绿细嫩，热天用丝瓜煲汤做菜，既能清暑解热，又能补

充汗液的耗损。丝瓜还可用于炒、熬、炖、煮、拌等烹调方法,可作主料单用,亦可用作配料,皆具清香鲜美之韵味。丝瓜性寒,脾虚便溏者慎食。过食易损伤阳气,因而不宜多食。

(四十二)菜　花

菜花被古代西方人誉为“天赐的药物”,每100克中含蛋白质2.1克,脂肪0.2克,膳食纤维1.2克,糖类3.4克,胡萝卜素30微克,维生素$B_1$0.03毫克,维生素$B_2$0.08毫克,维生素C 61毫克,烟酸0.6毫克,钙23毫克,磷47毫克,铁1.1毫克等营养成分。菜花中的多种维生素成分能帮助雌激素的合成,有益于女性丰胸健乳。菜花中含有较丰富的维生素U,对防治消化道溃疡有良好作用。菜花中含有多种吲哚类衍生物,能增强机体对致癌物质苯并芘和甲基苯蒽的抵抗力,因而具有抗癌作用。此外,菜花还具有抗衰老作用。

菜花性平,味甘,无毒,具有补脑髓,利五脏,开胸膈,益气力,壮筋骨等功用。

菜花是晚春和秋季的主要细菜品种,它质地细嫩,味甘鲜美。菜花适用于多种烹调方法,炒、烩、煮、炖、扒、烧、炝、拌皆可,可作主料单独成菜,也可与荤料同烹。但在烹制时要注意掌握火候,否则会失去菜花的鲜嫩。此外,不宜用重色,不然会失去菜花洁白的特点。凉拌时,应将菜花掰成小朵后再用开水烫,去生味后捞出,并控去水分,然后装盘,加入调味品,拌匀即成。炒食时可配以海米、火腿、肉丝等,菜花素食也很受欢迎。

为减少菜花中维生素C和吲哚类物质的损失,烹调时应注意加热时间不宜过长,宜用急火快炒。如采用水烫或滑油的方法,让其断生再放入炒锅颠翻几下,调味后迅速出锅,能较好地保持其营养成分和清香脆嫩的特点。另外,菜农在种植时,要采收适时,过早采收会影响产量,过晚采收花球容易变得松散,表面凹凸不平,

而且颜色会变黄。菜花外面没有梗叶保护。因此，在运输、保管、出售时都应注意保护，以免损伤或弄脏，影响菜花质量。

（四十三）萝　卜

萝卜的食用部分是其肉质根，民间有“十月萝卜小人参”的谚语。萝卜的营养丰富，每100克中含蛋白质0.8克，脂肪0.1克，膳食纤维0.6克，糖类4克，胡萝卜素20微克，维生素$B_1$0.03毫克，维生素$B_2$0.06毫克，维生素C 18毫克，烟酸0.6毫克，钙56毫克，磷34毫克，铁0.3毫克等营养物质。此外，还含有淀粉酶、苷酶、氧化酶、糖化酶等多种酶类。萝卜中的多种维生素成分能帮助雌激素的合成，有益于女性丰胸健乳。

萝卜性凉，味辛、甘，无毒，具有消食顺气，醒酒化痰，治喘止渴，利尿散瘀和补虚的功效。可用于食积胀满，咳嗽多痰，胸闷气喘，消渴，呕血，衄血，痢疾，偏正头痛等症。

萝卜不仅品种很多，形状不同，颜色也各有千秋，如白色、翠绿、黄绿、鲜红和紫红等。萝卜含有芥子油，是辛辣味调料的来源，它和萝卜中的酶类相互作用，能促进胃肠蠕动，增进食欲，帮助消化。萝卜脆嫩多汁，既可当作水果生食，又可凉拌或熟食，适应多种烹法，常用于烧、炖、拌、煮等，还可采用腌、酱、泡、晒干的加工方法，做成多种萝卜制品，随时可吃。烹调应用中，一般应按萝卜的上市季节的老嫩程度分别应用。萝卜的理气作用特强，正在服用人参等补气药物者不宜食用萝卜。

（四十四）胡萝卜

胡萝卜营养丰富，有“菜人参”美称，每100克胡萝卜中含蛋白质1克，脂肪0.2克，膳食纤维1.1克，糖类7.7克，胡萝卜素4 010微克，维生素A 688微克，维生素$B_1$0.04毫克，维生素$B_2$0.03毫克，维生素C 13毫克，烟酸0.6毫克，钙32毫克，磷27毫克，铁1

毫克等营养成分。胡萝卜中的多种维生素成分能帮助雌激素的合成,有益于女性丰胸健乳。胡萝卜中还含有槲皮素、山萘酚等,能增加冠脉血流量,降低血脂,促进肾上腺素合成。胡萝卜中所含琥珀酸钾盐是降压药的有效成分,因而胡萝卜具有降血压、强心等功能。胡萝卜素是维生素 A 的前身,也称维生素 A 原,经人体吸收后,可按体内需要转化为维生素 A 。可以控制上皮细胞分化,促进细胞正常成熟,甚至抑制癌性病变,对易患上皮癌的器官(口腔、食管、肺、结肠、直肠、膀胱等)尤有好处。经常食用胡萝卜还具有防癌抗癌作用,胡萝卜素在人体中转化成维生素 A 后可降低肺癌发病率。胡萝卜素是一种抗氧化剂,可以帮助人体血液中超氧化歧化酶清除血液中对人体细胞有毒害的"氧自由基",阻止致癌物质与细胞结合,防止肿瘤生长。抑制肿瘤细胞对前列腺素 E_2 的合成,减少对人体免疫系统的损害。胡萝卜中还含有较多的叶酸,也有抗癌作用。胡萝卜中的木质素可提高机体抗癌免疫力和间接消灭癌细胞的作用。

胡萝卜性平,味甘,无毒,具有健脾、化滞、下气、补中、利胸膈肠胃、安五脏等功效,可用于消化不良、痢疾、咳嗽等症,并可防治夜盲症、角膜干燥症、皮肤干燥、头发干脆易脱落等维生素 A 缺乏症。经常食用胡萝卜,还有利于美容,使皮肤清洁健美,嫩滑光润。

胡萝卜可生食,也可熟食,并是酱制、腌菜的原料。烹制菜肴时宜于炒、拌、烧等,也可蒸、煮、拔丝、做馅等。此外,胡萝卜色泽鲜艳,可用作食品雕刻材料,或切片用模具压成各种花形,点缀冷热菜肴。由于胡萝卜素是一种脂溶性物质,所以食用胡萝卜时要多放点油,或与肉类一同烹调,以利于吸收。烹制胡萝卜时不宜多加醋,以减少对胡萝卜素的破坏作用。

过多食入胡萝卜会引起高胡萝卜血症,即人的皮肤出现黄色素沉着。首先从手掌和足掌开始,逐渐向躯干和面部蔓延,并伴有恶心呕吐、食欲缺乏、乏力等症状,易误诊为肝炎,应注意鉴别。停

止食用含维生素 A 原的食品后，黄色素沉着可逐渐消退，多喝水有助于促进维生素 A 原的排泄。胡萝卜素在空气中易破坏，因此胡萝卜制作菜肴不宜放置过久。生吃胡萝卜不易消化，约有 90% 的胡萝卜素随粪便排泄掉。

（四十五）山　药

山药是老年人的益友，它营养丰富，每 100 克鲜品中含蛋白质 1.9 克，脂肪 0.2 克，膳食纤维 0.8 克，糖类 11.6 克，胡萝卜素 20 微克，维生素 A 7 微克，维生素 B_1 0.05 毫克，维生素 B_2 0.02 毫克，维生素 C 5 毫克，烟酸 0.3 毫克，钙 16 毫克，磷 34 毫克，铁 0.3 毫克，还含有多种氨基酸、皂苷、胆碱、黏液等成分。山药中所含的皂苷是激素的原料，山药中的多种维生素成分也能帮助雌激素的合成，这些均有益于女性丰胸健乳。山药中的黏液蛋白质能预防心血管系统的脂肪沉积，保持血管的弹性，防止动脉硬化过早发生，减少皮下脂肪沉积，避免出现肥胖。山药中所含的多巴胺能扩张血管，改善血液循环。山药中所含的胆碱具有抗肝脏脂肪浸润的作用。山药中所含的消化酶促进蛋白质和淀粉的分解。山药自古便是治疗糖尿病的食药两用佳品。此外，山药还能防止肝脏和肾脏中结缔组织的萎缩，预防胶原病的发生。

山药性平，味甘，具有健脾补肺，益肾的功效，对身体虚弱、气阴两虚、肾气亏损、脾胃虚弱等病症有良效。在历代本草中山药均被视为补中益气之佳品，是传统的延年益寿、驻颜美容补品。

山药质地细嫩，肉色洁白，可以制作菜肴，既可用作主料，又可与其他食物配伍，制成多种滋补性菜肴。山药可加工成块条、段、片、丁，适宜于煮、炸、炒、扒、蜜汁、拔丝等烹调方法，咸甜皆宜，具有肥浓不腻，香甜软嫩的特色。山药有一定的收敛作用，凡有实邪、湿热及大便燥结者不宜食用。山药不宜与碱性的食物或药物混用，以免使山药所含的淀粉酶失效。

(四十六)小　麦

小麦为禾本科植物小麦的种仁,全国各地均有栽培,但主要产区为黄河以北地区。在世界上,小麦的播种面积和总产量,皆居于所有农作物之首。每 100 克小麦粉含蛋白质 12 克,脂肪 1.1 克,膳食纤维 10.2 克,糖类 76.1 克,钙 30 毫克,磷 436 毫克,铁 5.9 毫克。此外,还含有维生素 $B_1$0.48 毫克,维生素 $B_2$0.14 毫克,以及淀粉酶、蛋白分解酶、麦芽糖酶、卵磷脂等成分。小麦中富含膳食纤维和多种维生素、无机盐,有利于激素的合成代谢,对女性丰胸健乳有益。膳食纤维可以保持身体曲线美,具有美体效果,但却不会减少胸部脂肪的消耗,因此膳食纤维也是丰胸健乳的好帮手。

小麦味甘,性凉,具有清热除烦、养心安神、益肾、止渴、补虚损、厚肠胃、强气力、止泻痢等功效,适用于虚热之心烦不宁、失眠、脏燥、骨蒸潮热、盗汗、咽干舌燥、小便不利等症。炒面或炒焦的面制品可止泻痢。

小麦可磨粉,即为俗称的面粉,可制作多种面制品。受小麦黑霉病菌污染的小麦不宜食用。

(四十七)玉　米

玉米为禾本科植物玉蜀黍的种仁,又名苞米、苞谷。每 100 克玉米中含蛋白质 8.8 克,脂肪 3.8 克,糖类 66.7 克,钙 10 毫克,磷 244 毫克,铁 2.2 毫克。此外,还含有维生素 $B_1$0.27 毫克,维生素 $B_2$0.07 毫克,烟酸 2.3 毫克。玉米胚中脂肪量约占 52%,在粮食作物中,其含量仅次于大豆。玉米中富含膳食纤维和多种维生素、无机盐,有利于激素的合成代谢,对女性丰胸健乳有益。玉米所含蛋白质、脂肪和各种维生素都超过了大米和白面。玉米中所含的脂肪为不饱和脂肪酸,有助于人体内脂肪与胆固醇的正常代谢,对高血压、动脉硬化、冠心病、细胞衰老等,有一定的防治作用。玉米

须还有很好的利尿、降压、止血、止泻和健胃等功效。玉米含有丰富的蛋白质及大量不饱和脂肪酸及卵磷脂，故有利于降低胆固醇。玉米中含有谷胱甘肽，有抗癌作用。玉米中含有硒和镁，硒能加速体内过氧化物的分解，使恶性肿瘤得不到分子氧的供应，从而被遏制。镁一方面也能抑制癌细胞的发展，另一方面使体内废物尽快排出体外，从而起到防癌作用。玉米还含有较多的纤维素，能促使胃肠蠕动，缩短食物残渣在肠内的停留时间，并把有害物质带出体外，从而对防止直肠癌具有重要意义。玉米中含有丰富的维生素 C 和维生素 A ，均有抑制化学致癌物引起肿瘤形成的作用。玉米中的赖氨酸，在综合协同防治癌症中也是一个利用因素，它既能帮助控制癌细胞的生长，又能减轻致癌药物的不良反应。但也应看到，玉米中缺少某些重要的氨基酸，如色氨酸、赖氨酸等，而豆类、大米、白面中含量较高，可以弥补玉米的这种不足。因此，科学的吃法是将玉米与豆类、大米、面粉等混合吃，以提高其营养价值。

玉米性平，味甘，具有通便、淡渗利湿、降压消脂等功效，适用于胃肠积滞、大便秘结、水肿、黄疸、痢疾、泄泻等症。

玉米不宜长期单独食用，因本品缺少一些人体必需的氨基酸。可与其他谷类、豆类混合食用。但必须同时进食，若隔一段时间再进食，则会影响食物营养的互补作用。玉米花性味偏温，不宜大量服用。

(四十八)黄　豆

黄豆为豆科一年生草本植物大豆的种子，又称大豆、黄大豆等。黄豆的嫩荚上长有毛茸，又称毛豆。当豆粒满荚色尚绿时，可采下作蔬菜食用。此外，黄豆也是主要的粮食和油料。黄豆现在全国各地均有栽培，以西南、华中、华东等地栽培最多。黄豆的营养颇丰富，每 100 克可食部分中含蛋白质 35.1 克，脂肪 16 克，糖类 18.6 克，膳食纤维 15.5 克，钙 191 毫克，磷 465 毫克，铁 8.2 毫克。此外，还含有胡萝卜素220微克，维生素$B_1$0.41毫克，维生素$B_2$0.2毫克，烟酸2.1毫克。蛋白质组成中含有人体必需的8种氨基酸，且氨基酸的含量也很高，还富含天门冬氨酸、谷氨酸和微量胆碱。研究表明，女性延缓衰老的关键时期是36岁以后。因为从这个年龄开始，体内雌激素含量下降，而雌激素是女性风采的生命线。激素替代疗法一直是全球普遍采用的应对妇女更年期综合征的方法。自从2002年美国国立卫生研究院宣布终止一项激素替代疗法的临床试验后，有关激素替代疗法的利弊再次引发激烈的争论。研究发现，只要每人每天摄入大豆类黄酮（异黄酮、同黄素），无异于补充植物雌激素，而且大豆类黄酮对人体是绝对安全的。大豆类黄酮具有雌激素样的生物活性且无雌激素的不良反应。因此，非常适合希望丰胸健乳的女性食用。大豆类黄酮还有防治更年期综合征、骨质疏松症、乳腺癌、子宫内膜癌和直肠癌等癌症的作用。

黄豆性平，味甘无毒，具有健脾宽中、润燥消水、排脓解毒、消肿止痛等功效，适用于胃中积热、水胀肿毒、小便不利等症。

黄豆可煮食、炒食、油炸食等，经过加工后，可以制出很多品类，是我国人民喜爱的传统食品。但煮大豆的消化率也只有65%以上，加工成豆腐、豆浆等豆制品后，易为体内吸收，消化率可达95%以上。整粒黄豆食之不易消化，要细嚼慢咽。

（四十九）豌　豆

豌豆为豆科豌豆属一年生草本植物，又名荷兰豆、胡豆、青斑豆、麻豆、青小豆、淮豆、留豆、金豆、胡豆、青豆、回回豆等。豌豆子有青、老之分，青者多用于做菜，老者为杂粮。每100克干品中含蛋白质20.3克，脂肪1.1克，膳食纤维10.4克，糖类55.4克，钙97毫克，磷259毫克，铁4.9毫克，维生素A 250微克，维生素$B_1$0.49毫克，维生素$B_2$0.14毫克，烟酸2.4毫克。每100克鲜品

中含蛋白质 7.4 克，脂肪 0.3 克，膳食纤维 3 克，糖类 18.2 克，钙 21 毫克，磷 127 毫克，铁 1.8 毫克，维生素 A 220 微克，维生素 $B_1$0.43 毫克，维生素 $B_2$0.09 毫克，烟酸 2.3 毫克。豌豆苗以其托叶和初芽要张开而未张开的最可口，其叶轴顶端因长有羽状分枝，如龙嘴旁卷须，故而又名龙须菜。每 100 克豌豆苗的可食部分中含蛋白质 4.9 克，脂肪 0.3 克，膳食纤维 1.3 克，糖类 2.6 克，维生素 A 445 微克，维生素 $B_1$0.15 毫克，维生素 $B_2$0.19 毫克，维生素 C 53 毫克，烟酸 0.6 毫克。豌豆中富含膳食纤维和多种维生素、无机盐，促进激素的合成代谢，对女性丰胸健乳有益。豌豆能增强人体的新陈代谢功能，提高人体免疫力，抗皮肤衰老。干豌豆中含有豌豆素，具有抗真菌作用。

豌豆性平，味甘，具有和中下气、利小便、解疮毒、除呃逆、止泻痢、解渴通乳等功效，适用于泄泻、小便不利、下腹胀满、消渴、产妇乳闭等症。

青豌豆的豆粒多作配料，可用于炒、煎、熘、蒸、烩等多种烹调方法。此外，嫩豌豆粒还可以冰冻、腌渍、制罐头。豌豆的新鲜嫩梢豌豆苗、豌豆荚、青豆均是淡季蔬菜市场上的时令佳品，可作蔬菜食用，味道极为鲜美。干豆粒可以粮油兼用，或煮食或熬汤，或煮烂做菜成馅、油炸做成豌豆黄或加工酱食。干豌豆磨成粉，白而细腻，可制糕饼、粉丝、凉粉等。干豌豆还可以用于酿酒和制酱油等。药用时可以煮熟淡食，或配合其他食物和药物服用。豌豆的嫩梢、嫩荚、子粒均可食用，色翠质嫩，清香可口。豌豆荚有菜用和粮用两种，以前者做菜为佳。一般每荚结子 6～7 粒，果大肉厚，味道鲜美，营养丰富。豌豆嫩荚的食用方法多样，可单独煮食作小菜，味宜清淡。既可爆炒，亦可煮食，还可用开水滚烫数分钟，做汤或拌菜，无论烹制荤素菜，都只需将青荚洗净，撕去两头和两边的老筋，无需将豆粒剥出来，食用方便。豌豆苗荤做素炒皆宜。豌豆虽好，但多食令人腹胀，脾胃弱者宜慎食。

(五十)赤小豆

赤小豆为豆科一年生草本攀援植物赤小豆的种子,又名红小豆、小豆、朱小豆、米小豆、小红绿豆、饭赤小豆等。赤小豆营养丰富,每 100 克中含蛋白质 20.7 克,脂肪 0.5 克,糖类 58.6 克,膳食纤维 4.9 克,钙 67 毫克,磷 30.5 毫克,铁 5.2 毫克,维生素 $B_1$0.31 毫克,维生素 $B_2$0.11 毫克,烟酸 2.7 毫克等。此外还有 3 种结晶性皂苷类物质。赤小豆中的皂苷类物质和无机盐、多种维生素,可促进激素的合成代谢,对女性丰胸健乳有益。赤小豆含热能低,且富含维生素 E 及钾、镁、磷、锌、硒等活性成分,是典型的高钾食物,具有降糖降压的作用,是糖尿病患者的理想食物,经常适量食用赤小豆类食品不仅可降低血糖,而且对肥胖症、高脂血症、高血压病亦有防治作用。赤小豆煎剂对金黄色葡萄球菌、痢疾杆菌、伤寒杆菌等都有较强的抑制作用,因此对治疗肠炎、痢疾、腹泻及疮痈疖肿都具有良好的效果。

赤小豆性平,味甘、酸,无毒,具有健脾利水、清热除湿、和血排脓、消肿解毒的功效,适用于水肿、脚气、黄疸、泄泻、丹毒、痈肿疮毒、便血、小便不利和乳闭等症。

可单味煮水饮,或煮烂成豆沙做馅用,也可与谷类同煮食用。赤小豆经泡涨后可单味煮汤饮用,也可掺米煮饭,或配合谷类煮粥食用,还可用来制作甜菜亦可煮烂去皮后加工成赤小豆泥或赤小豆沙,作为糕点及甜馅的主要原料,可做豆沙包及糕点等食物。赤小豆还可磨成粉,与面粉掺和后制成各式糕点。赤小豆性善下行,通利水道,古人有多食令人瘦的说法,所以体瘦者不宜过多食用。尿多者也不宜过多食用。

(五十一)薏苡仁

薏苡仁为禾本科多年生草本植物,又称薏米、薏仁、苡仁等。

薏苡仁原产于我国，主要分布于四川、福建、河北、辽宁、广东、海南等地，现产于全国大部分地区。秋季果实成熟后，割取全株，晒干，打下果实，除去外壳及黄褐色外皮，晒干，即是薏苡仁。以粒大、饱满、色白、完整者为佳。每100克薏苡仁中含蛋白质12.8克，脂肪3.3克，膳食纤维2克，糖类69.1克，钙42毫克，磷217毫克，铁3.6毫克。此外，还含有维生素$B_1$0.22毫克，维生素$B_2$0.15毫克，烟酸2毫克，以及薏苡仁酯、谷甾醇、生物碱等。薏苡仁中富含生物碱和多种维生素、无机盐，可促进激素的合成代谢，对女性丰胸健乳有益。薏苡仁在禾本科植物中是最富营养，易于消化的谷物。所含的蛋白质、脂肪均较大米为多。

薏苡仁，性凉，味甘、淡，具有利水渗湿、健脾除痹、清热排脓、助运止泻等功能，适用于泄泻、湿痹、筋脉拘挛、屈伸不利、水肿脚气、肺痿、肠痈、淋浊、白带等症。薏苡仁生用偏于清热利湿，炒用可健脾止泻。

薏苡仁可以当粮食吃，是一种很好的杂粮品种之一。薏苡仁煮熟后，其味道与普通大米相似，又容易消化吸收。煮粥既可充饥，又有滋补作用。薏苡仁为清补利湿之品，功能健脾渗湿，含丰富的营养成分，且具抗疲劳作用，故养生保健食疗中常被应用。津液不足者忌用；薏苡仁性较滑利，孕妇慎用。

（五十二）红　薯

红薯为旋花科蔓生一年生草本植物的根茎，又名甘薯、甜薯、地瓜、红苕、山芋、红芋、白芋、白薯、番薯等。红薯原产自美洲，传说哥伦布首将红薯带到西班牙，然后传到非洲和东方的一些国家。1584年由在吕宋经商的华侨引进我国种植。红薯的营养丰富，每100克中含蛋白质1.1克，脂肪0.2克，糖类23.1克，膳食纤维1.6克，钙23毫克，磷39毫克，铁0.5毫克。此外，还含有维生素A 750微克，维生素$B_1$0.04毫克，维生素$B_2$0.04毫克，维生素C

26 毫克，烟酸 0.6 毫克。红薯中含有类似雌激素的物质，这对女性的丰胸健乳非常有益，也对保持皮肤细腻、延缓人的衰老有利。红薯中还含有一种称为去氢表雄酮的物质，可以预防结肠癌和乳腺癌，并能延长动物的寿命。巴西的科学家们培育出一种红薯，可供给人体大量的黏蛋白，能增进机体的健康，提高机体的免疫力并促进胆固醇排泄，维护血管的弹性，减少动脉硬化。吃红薯可以减肥，因为红薯中的热能低，水分多、其热能比米饭低 20%，并含有较多的维生素和氨基酸，可以减少皮下脂肪的堆积，避免过度肥胖。

红薯性平，味甘，具有补中和血、益气生津、健脾胃、通便秘的功效，适用于面色萎黄、肌肉松软、大便溏薄或便秘、四肢水肿、月经不调、小儿疳积、遗精等症。

红薯的家常吃法以蒸、煮、熬粥为多。老年人吃红薯以熬粥为宜。

吃时宜趁热，且不宜吞咽过急，以防噎着。有些人吃了红薯以后容易发生胃灼热、腹胀等不适反应，这是因为红薯中含有气化酶的缘故。因此，要吃熟透的红薯，以使红薯中的气化酶被破坏，并使淀粉分解成麦芽糖，有利于人体吸收，提高红薯的营养价值。患消化道溃疡、胃炎或消化不良的人应少吃红薯，以免因产酸产气而使病情加重。此外，有黑斑的红薯不能食用。

(五十三)马铃薯

马铃薯为茄科一年生草本植物，又名土豆、山药蛋、地蛋、地豆、土芋、洋芋、荷兰薯、地苹果、爪哇薯等。马铃薯原产自南美秘鲁，后来传到智利，是当时印加人的主要食物。现在我国各地均有栽培。马铃薯粮蔬兼用，营养丰富，每 100 克中含蛋白质 2 克，脂肪 0.2 克，膳食纤维 0.7 克，糖类 16.5 克，钙 8 毫克，磷 40 毫克，铁 0.8 毫克。此外，还含有维生素 A 30 微克，维生素 B_1 0.08 毫

克，维生素 $B_2$0.04 毫克，维生素 C 27 毫克，烟酸 1.1 毫克，以及泛酸、胶质、柠檬酸、乳酸、大量钾盐和龙葵素等成分。马铃薯中富含多种维生素等，影响激素的合成代谢，对女性丰胸健乳有益。马铃薯对消化不良的治疗和利尿有特效，还有防治神经性脱发的作用。马铃薯中所含的膳食纤维有促进胃肠蠕动和加速胆固醇在肠道内的代谢，可治疗习惯性便秘和预防血清胆固醇增高。

马铃薯性平，味甘、辛，无毒，具有和中调胃、健脾益气、消炎、解药毒等功用，可用于消化不良、食欲缺乏、习惯性便秘、神疲乏力、筋骨损伤、腮腺炎、关节疼痛、胃及十二指肠溃疡、慢性胃痛、皮肤湿疹等病症。

马铃薯吃法多样，适用炒、烧、炖、煎、炸、煮、烩、蒸、焖等烹调方法，可加工成片、丝、丁、块、泥等形状，既可作主料，又可作配料，能烹制出各类荤素菜肴，还可做馅或制作糕点，亦能加工成薯条、薯丝、薯片、薯泥、果脯等方便食品。

马铃薯中含有龙葵素，又称茄碱，每 100 克马铃薯含 17～19.7 毫克，阳光暴晒后可增加到 30～40 毫克，发芽时更多，故需注意预防。如有口麻、口痒等异常感觉，就应立即停止进食。如出现上述严重中毒症状，则应立即到医院诊治，以免延误病情。

三、美体丰乳的食疗验方

(一)美体丰乳茶剂验方

1. 核桃牛奶茶

【原　料】 核桃仁30克,牛奶150毫升,豆浆150毫升,黑芝麻20克,白糖适量。

【制　作】 将牛乳和豆浆搅匀,慢慢倒在小石磨进料口中的核桃仁、黑芝麻上面,边倒边磨,磨好后倒入锅内煮沸,加入少许白糖即成。

【用　法】 当饮料,随量食用。

【功　效】 美体丰乳,益气养血,润肠通便。

2. 牛奶红茶

【原　料】 鲜牛奶100毫升,红茶、精盐各适量。

【制　作】 将红茶用水煎汁,去除茶渣;牛乳煮沸,与浓茶汁混合,加入少许精盐,搅匀即成。

【用　法】 当饮料,随量食用。

【功　效】 健胸丰乳,益气养血,暖胃散寒。

3. 大枣绿茶

【原　料】 大枣10枚,绿茶5克,白糖10克。

【制　作】 将大枣拣去杂质,洗净后放入锅内,加适量水、白糖,煎煮至大枣熟烂,茶叶用沸水冲泡,盖闷5分钟,取茶水入枣汤内均匀搅拌即成。

【用　法】 代茶频饮。

【功　效】 健胸丰乳,双补气血,强身健体。

4. 黑芝麻茶

【原　料】 黑芝麻10克，绿茶3克。

【制　作】 将黑芝麻炒熟后研碎，与茶叶混合均匀后放入杯中，用沸水冲泡，加盖闷10分钟即成。

【用　法】 代茶频饮。

【功　效】 美体丰乳，滋阴生津，益气养血。

5. 桃花冬瓜子仁茶

【原　料】 桃花5克，冬瓜子仁5克。

【制　作】 将桃花、冬瓜子仁放入茶杯中，沸水冲泡，加盖闷5分钟即成。

【用　法】 代茶饮用。

【功　效】 美体丰乳，补铁养血，活血散寒。

6. 香蕉酸奶茶

【原　料】 香蕉100克，酸牛奶100克，牛奶50毫升，浓茶汁40克，苹果25克，蜂蜜适量。

【制　作】 将香蕉去皮，切段；苹果去皮、核后切成小块；牛奶和浓茶汁放在茶杯中调匀。香蕉、苹果置于搅拌器中，加入奶茶汁，搅打30秒钟，再加入酸牛奶和蜂蜜，打匀即成。

【用　法】 代茶饮用。

【功　效】 美体丰乳，滋阴生津，益气养血。

7. 柿饼百合枣茶

【原　料】 柿饼2个，百合20克，大枣10枚。

【制　作】 将柿饼、百合、大枣放入锅中，加水煎汤即成。

【用　法】 代茶饮用。

【功　效】 健胸丰乳，清暑解热，润肠通便。

8. 大枣糖茶

【原　料】 大枣10克，茶叶5克，白糖适量。

【制　作】 将茶叶用沸水冲泡，取茶汁备用。大枣洗净，加白

糖和水，共煮至枣熟烂，倒入茶汁混匀即成。

【用　法】 代茶饮用。

【功　效】 健胸丰乳，双补气血，强身健体。

9. 大枣绿豆茶

【原　料】 绿豆 15 克，大枣 15 克，红糖适量。

【制　作】 将绿豆煮开花，大枣煮熟烂，加入红糖调匀即成。

【用　法】 代茶饮用。

【功　效】 健胸丰乳，清暑解热，润肠通便。

10. 橄榄茶

【原　料】 橄榄肉 5 克，桂圆肉 5 克，枸杞子 6 克，冰糖适量。

【制　作】 将橄榄肉、桂圆肉、枸杞子、冰糖放入茶杯中，加入沸水冲泡，加盖闷 15 分钟即成。

【用　法】 代茶饮用。

【功　效】 健胸丰乳，清暑解热，润肠通便。

11. 莲子茶

【原　料】 莲子 30 克，茶叶 5 克，冰糖适量。

【制　作】 将茶叶用沸水冲泡取汁备用。莲子用温水浸泡数小时后加冰糖炖烂，倒入茶汁拌匀即成。

【用　法】 代茶饮用。

【功　效】 健胸丰乳，清暑解热，润肠通便。

12. 莲心枣仁茶

【原　料】 莲心 5 克，酸枣仁 10 克。

【制　作】 将莲心、酸枣仁放入茶杯中，加入沸水冲泡，加盖闷 10 分钟即成。

【用　法】 代茶饮用。

【功　效】 健胸丰乳，宁心安神，清心泻火。

13. 莲子葡萄干茶

【原　料】 莲子 90 克，葡萄干 30 克。

【制　作】 将莲子去皮和心，洗净，与葡萄干一同加水700～800毫升，用大火隔水炖至莲子熟透即成。

【用　法】 代茶饮用。

【功　效】 健胸丰乳，双补气血，强身健体。

14. 桂圆大枣茶

【原　料】 桂圆30克，大枣25克，红糖适量。

【制　作】 将桂圆、大枣加水煮20分钟，加糖调匀即成。

【用　法】 代茶饮用。

【功　效】 健胸丰乳，双补气血，强身健体。

15. 牛骨髓油茶

【原　料】 面粉1000克，牛骨髓300克，牛肉干150克，芝麻100克，核桃仁100克，姜末、丁香、大茴香、花椒、味精、精盐、芝麻酱各适量。

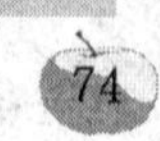

【制　作】 将面粉放入锅内，用微火炒至面粉呈微黄色时倒在案板上，晾凉后筛成细粉；芝麻炒黄；核桃仁、牛肉干切碎；花椒、大茴香、丁香用锅焙焦，碾成碎面后过罗备用。将牛骨髓油放入锅内烧热，对入炒好的面粉、芝麻、核桃仁、牛肉干、姜末、丁香、大茴香、花椒面、精盐、味精，炒匀即成茶粉。每次取茶粉适量，用清水调成糊，待锅内水煮沸，将糊边搅边倒入锅里，用小火煮成浓汁装瓶即成(食用时撒上芝麻酱)。

【用　法】 代茶饮用。

【功　效】 美体丰乳，益气养血，润肠通便。

16. 豆浆杏仁奶茶

【原　料】 豆浆150毫升，牛奶150毫升，杏仁30克，蜂蜜适量。

【制　作】 将杏仁用沸水浸泡，去皮、尖，晒干或烘干，炒黄，研成极细末。锅中加适量水，煮沸后边搅边加入杏仁细粉末，小火熬煮30分钟，不断搅拌，对入豆浆后中火煮沸3～5分钟，再对入牛奶，搅拌均匀，至沸离火，趁温热调入蜂蜜，搅匀即成。

【用　法】 早晚分饮。

【功　效】 美体丰乳，止咳化痰，顺气和胃。

(二)美体丰乳豆奶验方

1. 人造乳

【原　料】 黄豆30克，花生15克，甜杏仁6克。

【制　作】 将黄豆、花生洗净，在清水中浸泡约10小时。将杏仁置沸水中略煮，使其皮微皱起，然后捞出，浸入凉水中，脱去种皮，去尖头，放入浸泡黄豆、花生的水中，待浸泡适度时，取出黄豆、花生、杏仁，加水共研磨成浆，滤取浆液，入锅，加清水至400毫升，中火煮沸，改用小火慢煨至300毫升即成。

【用　法】 每次150毫升，每日2次，温饮。

【功　效】 美体丰乳，益气养血，对抗疲劳。

2. 甜味豆浆

【原　料】 豆浆200毫升，白糖适量。

【制　作】 将家庭自制或购买的豆浆煮沸，加入白糖，调匀即成。

【用　法】 早餐时，趁热温饮。

【功　效】 美体丰乳，益气养血，对抗疲劳。

3. 芝麻豆奶

【原　料】 黄豆40克，黑芝麻末15克，白糖适量。

【制　作】 将黄豆淘洗干净，用500毫升清水浸泡1夜，然后研磨成浆，用多层洁净纱布滤去豆渣。把豆浆烧至沸腾后，改用小火再煮20分钟，加白糖、芝麻末，搅匀后即成。

【用　法】 早晚分饮。

【功　效】 美体丰乳，滋阴生津，益气养血。

4. 白萝卜豆奶

【原　料】 新鲜白萝卜250克，豆奶250毫升。

【制　作】 将新鲜白萝卜用清水反复洗净，用温开水冲一下，连皮(包括根在内)切碎，放入家用榨汁机中，快速榨取浆汁，用洁净纱布过滤，所取滤汁与豆奶充分混合，放入锅内，用小火或微火煮沸即成。

【用　法】 早晚分饮。

【功　效】 美体丰乳，止咳化痰，顺气和胃。

5. 鲜豆浆

【原　料】 毛豆100克，白糖适量。

【制　作】 将新鲜毛豆去荚洗净，加225毫升清水，用粉碎机打碎，约2分钟，即成豆汁，将225毫升清水注入锅中，用大火煮沸，倒入豆汁继续用大火煮沸，然后用洁净纱布过滤，在滤液中加白糖，用小火煮沸5分钟，离火，凉后放冰箱即成。

【用　法】 早晚分饮。

【功　效】 美体丰乳，健脾利水，降低血脂。

6. 蜂蜜黑豆浆

【原　料】 黑豆50克，蜂蜜适量。

【制　作】 将黑豆倒入淘箩中，用清水漂去浮豆、破豆、虫蛀豆及霉豆，去泥沙杂质，放入容器中，注入清水浸泡，待黑豆吸水涨发后放入家用榨汁机，加适量清水，搅打出浆汁，用纱布过滤，滤尽豆汁后，把盛有豆渣的布袋浸入清水中捏挤，使黑豆中的可溶物和分散为胶体的蛋白质尽可能溶于水中，将两次获得的豆汁倒入锅中，用火煮至沸，离火稍凉，加入蜂蜜即成。

【用　法】 随早餐饮用。

【功　效】 美体丰乳，益气养血，润肠通便。

7. 果味豆浆

【原　料】 豆浆150毫升，果汁100毫升，白糖、果胶、枸橼酸

钠各适量。

【制　作】 将豆浆放入锅内，置火上煮沸；将果胶、白糖、枸橼酸钠放在一容器中，混匀，再用60℃温水冲溶，边冲边搅，再晾温。将豆浆再次上火，将冲溶的果胶、白糖、枸橼酸钠溶液注入豆浆中搅匀，然后加入果汁，上火加热至85℃～90℃后，离火，晾凉即成。

【用　法】 随早餐饮用。

【功　效】 美体丰乳，益气养血，对抗疲劳。

8. 胚芽豆奶

【原　料】 豆浆150毫升，麦芽糖45克，小麦胚芽45克。

【制　作】 将豆浆煮沸后冷却。麦芽糖置容器中，加少许豆浆混合均匀，再加入小麦胚芽，搅匀后，倒入剩余的豆浆，和匀后以大火煮沸即成。

【用　法】 随早餐饮用。

【功　效】 美体丰乳，健脾利水，降低血脂。

9. 咸豆浆

【原　料】 黄豆50克，油条1根，榨菜、红酱油、精盐、白糖、味精、醋、葱末、虾皮、辣油各适量。

【制　作】 将油条切成小丁；榨菜切成末；将红酱油、精盐、白糖、味精同放入锅内，加水250毫升，上火煮沸后倒出放入盆内，再加入醋，制成酱醋混合调料；将黄豆淘洗干净，浸入水中，夏天泡4小时，春秋泡9小时，冬天泡15小时，至黄豆水泡涨，倒入淘箩，用水冲洗干净，上石磨磨成豆浆，边磨边加水，使豆浆浓度适宜。将磨出的豆浆连同豆渣一同舀入滤浆布内，过滤成细腻的生豆浆，然后将豆浆下入锅内煮沸20分钟，随煮随搅，以免焦煳。将油条丁、榨菜末、虾皮、葱末等均放入豆浆内，再用小火煮沸，然后离火，加酱醋混合调料，淋入几滴辣油即成。

【用　法】 随早餐饮用。

【功　效】 美体丰乳，补肾温阳，益气养血。

10. 银耳豆浆

【原　料】 银耳20克,豆浆500毫升,鸡蛋1个,白糖适量。

【制　作】 将银耳用清水泡发;将鸡蛋打破倒入碗中,用筷子搅匀,待用。煮豆浆时将泡发好的银耳放入,豆浆煮几沸以后,打入搅匀的蛋液,蛋熟后加入白糖即成。

【用　法】 清晨饮用。

【功　效】 美体丰乳,滋阴生津,益气增力。

11. 豆腐脑

【原　料】 黄豆500克,嫩羊瘦肉150克,口蘑25克,酱油、蒜、辣椒油、香油、花椒、熟石膏粉、干淀粉、精盐各适量。

【制　作】 将黄豆用冷水泡涨,并以保持颜色不变为宜(一般夏季泡2小时左右,冬季泡6小时左右),洗净后加入凉水,磨成稀糊,磨得越细越好,磨完再加入凉水搅匀,用细箩过滤,将滤过的全部豆渣放在桶里,对入适量凉水搅拌,再过滤。如此反复几次,直到豆渣不粘手为止。把浆汁倒入锅中,用大火煮沸后倒在瓷桶里,撇去浮沫。将石膏粉放在另一盆内,加温水调匀,倒在浆汁里,用木棍边倒边搅动,使浆汁与石膏汁混匀后放置5分钟,把浮在上面的泡沫撇去,下面凝结起来的就是豆腐脑。将嫩羊瘦肉横切成片;口蘑用温水泡5小时,洗净,焯熟,沥干水,拌入少许精盐,切成小丁;泡口蘑和洗口蘑的水,用大火煮沸,沉淀后,撇去浮在上面的杂物;蒜去皮,洗净后加入精盐,砸成蒜蓉;干淀粉加凉水调成芡汁。锅内放入凉水,用大火煮沸,放入羊肉片,待水将开时,倒入酱油、蒜蓉、口蘑汤、精盐、味精,再煮沸时,将芡汁慢慢倒进锅内,随倒随搅动,再煮沸即成卤汁。将打好的卤汁倒在保温的瓷桶内,放入豆腐脑,上面撒上口蘑丁,可根据口味浇入辣椒油,炒锅上火,放香油烧至八成热,放入花椒,炸焦后趁热浇在口蘑丁上,与卤汁拌匀即成。

【用　法】 早餐随量食用。

【功　效】 美体丰乳,补肾温阳,益气养血。

12. 鸡丝豆腐脑

【原　料】 黄豆200克，仔鸡肉100克，豆芽菜100克，酥黄豆50克，石膏、花椒、红油、味精、胡椒、葱花、姜末、酱油、猪骨头各适量。

【制　作】 将黄豆淘洗干净，放入清水中浸泡3小时，泡透后，用清水洗净，上磨磨成豆汁，并将豆汁倒入锅内煮沸，待起泡时，滤去豆渣，将豆浆盛入缸内；将石膏用冷水溶化，尽快冲入浆内，用布捂住缸口稍许即成豆腐脑。鸡肉洗净，放入锅中加水，上火煮熟，捞出，撕成鸡丝备用。将猪骨洗净，砸断，放入鸡汤内煮沸，然后把豆腐脑薄薄铲入，用微火煨起。把红油、酱油、花椒、胡椒、味精、葱花、姜末、酥黄豆、豆芽菜等放入碗底，舀进豆腐脑，撒上鸡丝，拣去花椒、胡椒粒即成。

【用　法】 早餐随量食用。

【功　效】 美体丰乳，益气养血，对抗疲劳。

13. 核桃仁蛋奶

【原　料】 牛奶250克，炒核桃仁20克，鸡蛋1个，蜂蜜适量。

【制　作】 将炒核桃仁捣烂，备用。将鸡蛋打散，冲入牛奶，加入核桃仁煮沸，离火稍凉，调入蜂蜜即成。

【用　法】 当点心，随量食用。

【功　效】 美体丰乳，补肾温阳，益气养血。

14. 三仁豆浆

【原　料】 黄豆40克，花生仁30克，核桃仁2克，甜杏仁15克，蜂蜜适量。

【制　作】 将黄豆、花生仁、核桃仁、甜杏仁分别洗净后用清水浸泡至软(用手捏起可搓掉皮，黄豆、花生仁、甜杏仁无硬心为宜)，加8～10倍的水磨浆，过滤，去渣取汁，用大火煮沸后改小火煮3～5分钟，以去掉豆腥味及破坏胰蛋白酶抑制剂，离火待温后对入蜂蜜，搅拌均匀即成。

【用　法】 上下午分饮。

【功　效】 美体丰乳，健脾利水，降低血脂。

15. 冰镇草莓豆浆

【原　料】 豆浆250毫升，草莓250克，白糖适量。

【制　作】 将草莓洗净，去柄托，捣烂呈泥状；豆浆按常法煮沸后改小火再煮3～5分钟，除去豆腥味，晾凉。将草莓泥边搅边放入冷却的豆浆中，继续搅拌均匀，放入冰箱冷却即成。

【用　法】 早晚分饮。

【功　效】 美体丰乳，养颜润肤，健脑明目。

16. 牛奶花生酪

【原　料】 牛奶250克，花生酱50克，白糖适量。

【制　作】 将牛奶调入花生酱中，开始加几滴，随加随搅，待搅匀，加牛奶再搅匀，直至牛奶加完。将牛奶花生酪放入锅中，倒入白糖搅匀，用小火煮沸，出锅装碗即成。

【用　法】 早晚餐饮用。

【功　效】 美体丰乳，健脾利水，降低血脂。

17. 鹌鹑蛋牛奶

【原　料】 牛奶500克，鹌鹑蛋12个，白糖适量。

【制　作】 将鹌鹑蛋打入碗中，备用。锅上火，倒入牛奶，加白糖煮至刚沸时立即倒入鹌鹑蛋，待其再沸时即成。

【用　法】 早晚餐饮用。

【功　效】 健胸丰乳，双补气血，强身健体。

18. 黄豆粉面糊

【原　料】 黄豆粉200克，面粉300克，植物油适量。

【制　作】 将黄豆粉、面粉混合后用小火不断地翻炒，为防止煳锅底，可加适量植物油，炒至粉微黄有香味即成。

【用　法】 用沸水冲调成羹糊食用。每次50克，每日2次。

【功　效】 美体丰乳，健脾利水，降低血脂。

19. 盐水黄豆

【原　料】 黄豆500克,甘草末12克,橘饼25克,精盐、白糖各适量。

【制　作】 将洗净的黄豆倒入锅内,加水没过黄豆1～1.5厘米,放入少许精盐,将盖盖好,用大火煮约15分钟,再移置小火焖煮至豆粒熟烂时离火,待豆粒温热未凉时,放入白糖、食盐、橘饼、甘草末,用锅铲不断地搅拌均匀,至卤汁收尽,盐水黄豆即成。

【用　法】 当零食吃或佐餐,随量食用。

【功　效】 美体丰乳,健脾利水,降低血脂。

20. 糖酥黄豆

【原　料】 干黄豆250克,鸡蛋1个,干淀粉、白糖、植物油各适量。

【制　作】 将黄豆挑去杂质,洗净,放入容器中加清水泡涨,再控净水,打入鸡蛋,拌匀,加干淀粉,用手揉搓,以使黄豆均匀地裹上一层淀粉;将裹糊的黄豆放入八成热的油锅内,炸至金黄色时捞出,沥去油;将炒锅烧热,加入清水约100毫升,将水煮沸后下入白糖,将糖炒至色变黄时,迅速倒入炸过的黄豆,并搅拌均匀,然后倒在案板上,摊匀,冷却后即成。

【用　法】 当零食吃或佐餐,随量食用。

【功　效】 美体丰乳,益气养血,对抗疲劳。

21. 五香黄豆

【原　料】 黄豆500克,精盐、酱油、黄酒、甘草末、五香粉、丁香各适量。

【制　作】 将黄豆洗净,倒入锅内,加入清水没过黄豆粒,再将丁香、五香粉放入豆锅内,用大火煮约15分钟后,再用小火焖煮,并加入精盐、料酒、酱油,盖紧锅盖,煮至豆皮上起皱,且卤汁浓稠时,离火放进甘草末搅拌均匀即成。

【用　法】 当零食吃或佐餐,随量食用。

【功　效】 美体丰乳，益气养血，对抗疲劳。

22. 五香辣味黄豆

【原　料】 煮黄豆500克，酱油、红糖、花椒油、辣椒油、葱花各适量。

【制　作】 将黄豆洗净后放入锅内，加入清水没过黄豆，上火焖煮熟烂后捞出。将锅烧热，放入煮熟的黄豆，加入酱油、红糖，再加水煮沸，搅拌均匀，煮至无汤汁、黄豆呈金黄色时淋上花椒油、辣椒油，搅拌均匀，盛入盘内，撒上葱花即成。

【用　法】 佐餐，随量食用。

【功　效】 美体丰乳，补肾温阳，益气养血。

23. 咸酥黄豆

【原　料】 干黄豆250克，鸡蛋1个，淀粉125克，植物油125克，精盐适量。

【制　作】 将黄豆除去杂质，洗净后加清水泡涨，控净水，打入鸡蛋，拌匀后加入淀粉，用手揉搓，以使黄豆均匀地裹上一层淀粉糊；将裹好淀粉糊的黄豆投入八成热的油锅中，炸至黄豆呈金黄色时，将其捞出沥油；将沥油后的黄豆倒入盘中，撒上精盐，拌匀即成。

【用　法】 佐餐，随量食用。

【功　效】 美体丰乳，养颜润肤，健脑明目。

24. 怪味豆

【原　料】 蚕豆1 000克，白糖、饴糖、熟芝麻、辣椒粉、花椒粉、五香粉、甜面酱、味精、精盐、白矾、植物油、酱油各适量。

【制　作】 将蚕豆放入冷水浸泡（夏天要勤换水），取出，剥去蚕豆黑嘴和胚芽部的外皮，放入白矾水中（以浸没为准）浸泡10小时左右，取出用清水漂净后，沥干水；用急火将植物油烧热，放入蚕豆，炸10～15分钟，待蚕豆酥脆时即可捞出，沥干油；用少量油将酱炸熟（炸3分钟），铲入盆内冷却；将熟芝麻、辣椒粉、花椒粉、五香粉、味精、盐、酱油，再倒入炸好的蚕豆，搅拌均匀；白糖加水100

毫升，加热溶化后，加入饴糖，熬至115℃，随后将糖浆慢慢浇在拌好辅料的蚕豆上，拌匀即成。

【用　法】 当零食，随量食用。

【功　效】 美体丰乳，补肾温阳，益气养血。

25. 药制黑豆

【原　料】 黑豆500克，茯苓、山茱萸、当归、桑椹、熟地黄、补骨脂、枸杞子、肉苁蓉、地骨皮、黑芝麻各10克。

【制　作】 将黑豆加水浸泡30分钟；其余原料加水煎煮3次，合并3次煎液，加入泡好的黑豆，用小火煮至药液被黑豆吸尽时停火；停火之前，可在黑豆中适当加精盐即成。

【用　法】 每次20克，每日2次。

【功　效】 美体丰乳，补肾温阳，益气养血。

26. 腊八豆

【原　料】 黄豆500克，食盐、白酒、姜末各适量。

【制　作】 将黄豆洗净，放入锅内，加入清水没过黄豆，置火上焖煮至熟后捞出，沥去水，铺放在洁净的纱布或净纸上，面上盖上干净的纱布，再盖上棉絮，放在暖和处，晾10天左右，见豆子上面长出一层白毛时，将豆子放入盆中，加食盐、白酒、姜末拌和均匀，装入罐内，封好罐口，放在阴凉处，约1个月即成（食用时，舀出些腊八豆，放在小碟中，拌上点香油即成。如喜食辣味，可加入辣椒粉、红油或花椒粉，其味道更加鲜美，开胃进食）。

【用　法】 每次20克，每日2次。

【功　效】 美体丰乳，补肾温阳，益气养血。

（三）美体丰乳汁饮验方

1. 牛奶蛋黄果汁

【原　料】 牛奶180毫升，苹果1个，鸡蛋黄1个，胡萝卜1根。

【制　作】 将鸡蛋黄打散，搅和在牛奶中，放入锅中，用中火煮沸，再将苹果、胡萝卜等分别榨成汁调入，搅和均匀即成。

【功　效】 美体丰乳，养颜润肤，健脑明目。

2. 牛奶葡萄汁

【原　料】 牛奶500毫升，葡萄250克。

【制　作】 将洗净的葡萄入锅，加水煮沸，离火凉后，装入容器内，再加入煮沸的牛奶，搅拌均匀即成。

【用　法】 早晚分饮。

【功　效】 美体丰乳，滋阴生津，益气养血。

3. 牛奶甜瓜汁

【原　料】 牛奶250毫升，甜瓜300克，蜂蜜适量。

【制　作】 将甜瓜洗净去皮、去子，切成小块后置于容器中，然后倒入牛奶，边倒边搅，再加入蜂蜜，边倒边搅，混匀后加盖，置冰箱中晾凉即成。

【用　法】 早晚分饮。

【功　效】 健胸丰乳，清暑解热，润肠通便。

4. 刺梨奶蛋蜜汁

【原　料】 牛奶100毫升，刺梨1个，胡萝卜1根，鸡蛋黄1个，蜂蜜适量。

【制　作】 将刺梨、胡萝卜洗净，刺梨去核，切成小块，胡萝卜切成小片，与鸡蛋黄、牛奶一同放入果汁机中搅成果蔬汁，如果太浓可加适量冷开水调稀，蜂蜜放入杯中，倒入一些果蔬汁拌匀，再倒入全部果蔬汁，搅匀即成。

【用　法】 早晚分饮。

【功　效】 美体丰乳，滋阴生津，益气养血。

5. 杏仁牛奶汁

【原　料】 鲜牛奶100毫升，杏仁精2滴，琼脂2克，白糖适量。

【制　作】 将琼脂洗净沥干，切成3段。汤锅上火，加清水300毫升，放入琼脂煮沸，用手勺搅动，待琼脂溶化起黏时，加白糖20克，煮沸离火，倒入鲜牛奶、杏仁精，再用手勺搅动，起锅倒入筛碗内过滤，冷却，放入冰箱冷冻；汤锅上火，放清水400克煮沸，加白糖50克，用手勺搅动，使糖溶化，将锅半边离火，撇去汤面浮沫，倒入汤筛碗内过滤，冷却后，再放入冰箱冷藏。食时将杏仁牛奶冻从冰箱内取出，用刀划成菱形小块，滑入糖水碗内即成。

【用　法】 早晚分饮。

【功　效】 健胸丰乳，润肺止咳，润肠护肤。

6. 冷牛奶咖啡

【原　料】 鲜牛奶300毫升，速溶咖啡10克，白糖25克，奶油霜50克，樱桃3个。

【制　作】 将锅洗净，加清水100克，煮沸，冲入速溶咖啡，再加白糖搅匀，放碗内凉后入冰箱冷冻；牛奶入锅煮沸，待凉后放入冰箱冷冻。食时将咖啡将和牛奶冻从冰箱内取出，倒入玻璃杯调匀，将奶油霜打起泡，放在上面顶上点缀樱桃，插入软管即成。

【用　法】 当饮料，随量食用。

【功　效】 美体丰乳，益气养血，对抗疲劳。

7. 绿色豆汁

【原　料】 黄豆汁150毫升，香菜25克，柠檬汁、蜂蜜各适量。

【制　作】 将黄豆汁入锅，大火煮沸；香菜洗净，入沸水锅中焯一下，取出后切碎，用纱布包起来，绞取汁液。将黄豆汁、香菜汁投入粉碎机中，搅打5秒钟，然后调入蜂蜜、柠檬汁，调匀即成。

【用　法】 每日早晨随餐饮用。

【功　效】 美体丰乳，益气养血，对抗疲劳。

8. 花生豆汁

【原　料】 花生仁、黄豆各90克，白糖适量。

【制　作】 将黄豆、花生仁淘洗干净，用冷水浸泡4～5小时，再放入家用磨碎机中，加清水适量磨碎，滤渣取汁，将滤汁放入锅中煮沸，加入白糖，待糖溶化即成。

【用　法】 早晚分饮。

【功　效】 美体丰乳，益气养血，对抗疲劳。

9. 木瓜牛奶汁

【原　料】 木瓜、高钙鲜奶各适量。

【制　作】 将木瓜洗净，去皮和瓤子后切成小块。将木瓜块、鲜奶和少许水一起打成汁即成(如果需要可以放少许白糖，为了保持新鲜，建议立即饮用)。

【用　法】 代茶饮用。

【功　效】 美体丰乳，益气养血，对抗疲劳。

10. 鲜桃子汁

【原　料】 桃子250克，柠檬30克，白糖、冰块各适量。

【制　作】 将桃子洗净，挖去果核，待用。柠檬去皮、核后放进搅拌机，加入凉开水，搅拌1分钟，然后加入桃子和白糖，再次搅拌，并加入冰块，合上盖，当桃子成为稀浆汁时，分倒入3只杯子中即成。

【用　法】 代茶饮用。

【功　效】 美体丰乳，滋阴生津，益气养血。

11. 蛋奶橙子汁

【原　料】 牛奶150毫升，橙子1个，鸡蛋黄1个，白糖适量。

【制　作】 将橙子去皮和核，榨汁，加入鸡蛋黄搅匀。炒锅上火，放入牛奶、白糖煮开，将橙汁鸡蛋黄加入搅匀即成。

【用　法】 代茶饮用。

【功　效】 美体丰乳，止咳化痰，顺气和胃。

12. 鹿胶牛奶汁

【原　料】 牛奶250毫升，鹿角胶10克，蜂蜜适量。

【制　作】 将牛奶入锅，加热煮沸，放入鹿角胶块，使其烊化后停火，对入蜂蜜，调匀即成。

【用　法】 代茶饮用。

【功　效】 健胸丰乳，补肾益阴，养颜护肤。

13. 豆浆芹菜西瓜汁

【原　料】 豆浆 200 毫升，西瓜 1 个，芹菜 100 克，白糖适量。

【制　作】 将豆浆煮沸 3～5 分钟，离火后加入白糖，搅拌溶解，晾凉备用；芹菜去杂，洗净，放入温开水中浸泡 5～10 分钟，捞出，切成碎末；西瓜洗净，擦干表面水分，切开，取瓤，去子，与芹菜末搅拌均匀、榨汁。将豆浆与芹菜西瓜汁混合均匀即成。

【用　法】 早晚分饮。

【功　效】 健胸丰乳，清暑解热，润肠通便。

14. 豆浆西瓜皮汁

【原　料】 豆浆 200 毫升，西瓜皮、白糖各适量。

【制　作】 将豆浆煮沸 3～5 分钟，加白糖搅拌溶解备用；西瓜皮洗净，切成块，入锅，加水适量煮沸 5～10 分钟，待瓜皮汁浓且发黏时离火，取汁。将瓜皮汁与豆浆混匀即成。

【用　法】 上下午分饮。

【功　效】 健胸丰乳，清暑解热，润肠通便。

15. 香蕉茶汁

【原　料】 香蕉 50 克，茶叶水 50 克，白糖适量。

【制　作】 将香蕉去皮，放入茶杯中，捣碎，加入茶叶水和白糖，调匀即成。

【用　法】 代茶饮用。

【功　效】 美体丰乳，益气养血，润肠通便。

16. 李子苹果汁

【原　料】 李子 30 克，胡萝卜 100 克，苹果 200 克，蜂蜜适量。

【制　作】 将洗净的李子、胡萝卜、苹果去皮、去核，并切成适当大小，放入果汁机中，榨汁即成。

【用　法】 代茶饮用。

【功　效】 健胸丰乳，清暑解热，润肠通便。

17. 奶味香蕉汁

【原　料】 香蕉 50 克，牛奶 75 毫升，蜂蜜适量。

【制　作】 将香蕉去皮，榨汁；牛奶放入锅内，煮开，晾凉。香蕉汁、蜂蜜加入牛奶中搅匀即成。

【用　法】 代茶饮用。

【功　效】 美体丰乳，益气养血，润肠通便。

18. 苹果枸杞叶蜜汁

【原　料】 苹果 200 克，枸杞叶 50 克，胡萝卜 150 克，蜂蜜适量。

【制　作】 将枸杞叶、苹果、胡萝卜洗净，苹果去皮、去核，均切成小片或丝，一同放入果汁机中，加入少量冷开水搅拌成汁，用过滤器取汁，放入玻璃杯中，再加蜂蜜调匀即成。

【用　法】 代茶饮用。

【功　效】 美体丰乳，养颜润肤，健脑明目。

19. 樱桃汁

【原　料】 樱桃 250 克。

【制　作】 将樱桃洗净除柄，放入绞汁机内绞取汁液，再用洁净纱布过滤即成。

【用　法】 代茶饮用。

【功　效】 健胸丰乳，补肾益阴，养颜护肤。

20. 苹果乳蛋蜜汁

【原　料】 苹果 2 个，牛奶 100 毫升，胡萝卜 1 根，鸡蛋黄 1 个，蜂蜜适量。

【制　作】 将苹果、胡萝卜洗净，苹果去核，切成小块，胡萝卜

切成小片，与鸡蛋黄、牛奶一同放入果汁机中搅成果蔬汁，如果太浓可加冷开水适量调稀。蜂蜜放入杯中，倒入一些果蔬汁搅匀，再倒入全部果蔬汁，搅匀即成。

【用　法】 代茶饮用。

【功　效】 美体丰乳，滋阴生津，益气养血。

21. 核桃仁黄酒汁

【原　料】 核桃仁 6 个，红糖、黄酒各适量。

【制　作】 将核桃仁捣碎成泥，放容器中加黄酒并隔水炖 10 分钟，加入白糖即成。

【用　法】 代茶饮用。

【功　效】 健胸丰乳，补肾益阴，养颜护肤。

22. 花生冰激凌

【原　料】 牛奶 500 毫升，鸡蛋黄 2 个，熟玉米粉 25 克，花生酱、奶粉、奶油、白糖、淀粉、香精各适量。

【制　作】 将白糖加入蛋黄中搅打；奶粉用少量水调和成糊，再倒入牛奶中，一起入锅煮沸；在花生酱中加入少量热牛奶，再将蛋黄和糖的混合液注入牛奶里，充分搅打均匀；最后放入玉米粉、奶油、淀粉、香精混合均匀，放入冰箱制成冰激凌即成。

【用　法】 当冷饮，随量食用。

【功　效】 美体丰乳，滋阴生津，益气养血。

23. 柿饼山药饮

【原　料】 柿饼 50 克，山药 50 克，白糖适量。

【制　作】 将山药洗净，去皮捣烂，柿饼洗净，切成小块，一起放入锅内，加水适量，置火上煮开，加入白糖，至白糖溶化即成。

【用　法】 代茶饮用。

【功　效】 丰胸健乳，健脾养胃。

24. 香菇大枣牛奶饮

【原　料】 香菇 25 克，大枣 10 枚，牛奶 50 毫升。

【制　作】 将香菇用温水泡发，洗净切碎，与洗净的大枣一同放入锅中，加清水煎取汁液，再与牛奶混匀即成。

【用　法】 随早餐饮用。

【功　效】 美体丰乳，健脾利水，降低血脂。

25. 芝麻杏仁饮

【原　料】 黑芝麻 150 克，杏仁 25 克，白糖适量。

【制　作】 将黑芝麻与杏仁一起碾碎。锅中加水，放在火上煮沸后加入黑芝麻和杏仁的粉末，大火煮沸，小火炖熟后，加入白糖即成。

【用　法】 代茶饮用。

【功　效】 美体丰乳，滋阴生津，益气养血。

26. 豆浆二皮饮

【原　料】 豆浆 200 毫升，西瓜皮、冬瓜皮、白糖各适量。

【制　作】 将豆浆煮沸 3～5 分钟，加入白糖，搅拌均匀。西瓜皮、冬瓜皮洗净，加适量清水煮沸 5～10 分钟，改小火浓缩至黏稠，取汁，对入豆浆中，搅匀即成。

【用　法】 上下午分饮。

【功　效】 健胸丰乳，清暑解热，润肠通便。

27. 豆浆葡萄干姜汁饮

【原　料】 豆浆 200 毫升，葡萄干 30 克，姜汁 20 毫升，白糖适量。

【制　作】 将葡萄干择洗干净，放入豆浆中，煮沸 3～5 分钟，对入姜汁，煮沸，离火后加入白糖，调味即成。

【用　法】 随早餐饮用，食葡萄干。

【功　效】 健胸丰乳，益气养血，暖胃散寒。

28. 豆浆核桃山楂饮

【原　料】 豆浆 200 毫升，山楂片 50 克，核桃仁 150 克，白糖适量。

【制　作】 将山楂片洗净，晒干或烘干，研成末；核桃仁温水浸泡1～2小时，磨成浆。豆浆煮沸3～5分钟，对入核桃浆煮沸，在不断搅拌中加入山楂片末，待山楂片末全部分散在豆浆与核桃浆中，加入白糖，拌匀即成。

【用　法】 上下午分饮。

【功　效】 美体丰乳，健脾利水，降低血脂。

29. 豆浆雪梨百合饮

【原　料】 豆浆250毫升，雪梨2个，百合50克，白糖适量。

【制　作】 将雪梨洗净，去皮、核，捣烂或剁碎；百合洗净，掰成瓣备用。豆浆煮沸，加入雪梨泥或末、百合瓣，用小火煮沸，加入白糖搅拌均匀，离火即成。

【用　法】 早晚分饮。

【功　效】 美体丰乳，止咳化痰，顺气和胃。

30. 豆浆核桃仁大枣饮

【原　料】 豆浆250毫升，核桃仁100克，糯米60克，大枣40克，白糖适量。

【制　作】 将核桃仁用开水浸泡3～5分钟，剥去外衣，剁碎备用；糯米加水浸泡至软备用；大枣洗净，煮软，去皮、核，备用。将碎核桃仁、泡软的糯米、泡软的大枣肉加水搅拌成稀糊，磨浆备用；豆浆煮沸3～5分钟，对入核桃仁大枣糯米混合浆搅匀，用小火煮沸，离火后加入白糖调味即成。

【用　法】 上下午分饮。

【功　效】 健胸丰乳，补肾益阴，养颜护肤。

31. 莲子鲜奶饮

【原　料】 鲜牛奶500毫升，通心莲100克，白糖、湿淀粉各适量。

【制　作】 将通心莲用清水浸泡，再放入大碗加适量清水，入笼用中火蒸半小时，起酥时加适量白糖再蒸，待糖溶化、通心莲熟

烂时取出。锅洗净上中火，放入适量水、白糖，煮沸后下牛奶，再下莲子，烧至微沸，用湿淀粉勾芡，搅匀后即成。

【用　法】 上下午分饮。

【功　效】 美体丰乳，健脾利水，降低血脂。

32. 柿子汁牛奶饮

【原　料】 柿子2个，牛奶200克。

【制　作】 将柿子洗净，连蒂及皮切碎，去核，捣烂，放入家用果汁机中搅成糊状，用洁净纱布滤汁，将柿子汁对入煮沸后晾凉的新鲜牛奶，搅拌均匀即成。

【用　法】 上下午分饮。

【功　效】 健胸丰乳，清暑解热，润肠通便。

33. 橄榄白萝卜饮

【原　料】 橄榄30克，白萝卜150克。

【制　作】 白萝卜洗净，切碎，与橄榄共煎，煎汁去渣即成。

【用　法】 代茶饮用。

【功　效】 健胸丰乳，清暑解热，润肠通便。

(四)美体丰乳羹露验方

1. 牛奶杏仁露

【原　料】 鲜牛奶500毫升，杏仁霜50克，湿淀粉适量。

【制　作】 将锅上火，加水1 000毫升和杏仁霜，煮沸后，倒入鲜牛奶再煮沸，用湿淀粉勾芡，盛入瓷碗即成。

【用　法】 早晚分食。

【功　效】 健胸丰乳，润肺止咳，润肠护肤。

2. 牛奶珍珠鲜果露

【原　料】 牛奶150毫升，小西米80克，鲜菠萝50克，苹果50克，白糖、椰汁各适量。

【制　作】 将锅洗净置火上，放入清水煮沸，再放入小西米涨

发，煮5分钟左右，使小西米粒由白色转为透明后，即捞出放入冷水内冲凉；菠萝肉、苹果肉均切成小丁，用白糖腌渍片刻。锅上火放入清水，加入椰汁、鲜牛奶，煮沸后放入涨发好的小西米，再煮沸后分别装入小碗内放入苹果和菠萝丁即成。

【用　法】 早晚分食。

【功　效】 美体丰乳，滋阴生津，益气养血。

3. 牛奶荸荠花生露

【原　料】 牛奶250毫升，花生酱25克，荸荠100克，白糖、湿淀粉各适量。

【制　作】 将花生酱用水调开，加入牛奶，然后一起放在锅里，上火煮沸，加白糖，再煮沸后用湿淀粉勾成薄芡，装在汤碗里；荸荠洗净，去皮，切成细粒，放在烧好的奶露中即成。

【用　法】 早晚分食。

【功　效】 美体丰乳，滋阴生津，益气养血。

4. 姜韭牛奶羹

【原　料】 韭菜250克，牛奶、生姜各适量。

【制　作】 将韭菜洗净，用刀切碎，置钵中用小木棍捣烂，再用洗净纱布绞取汁液；将生姜洗净，切成细丝，用洁净纱布绞汁。将韭菜汁、姜汁一同倒入锅中，再加入牛奶，用小火煮沸即成。

【用　法】 早晚分食。

【功　效】 健胸丰乳，益气养血，暖胃散寒。

5. 八宝莲羹

【原　料】 莲子50克，白果25克，栗子30克，橘饼25克，苹果25克，香蕉25克，橘子25克，蜜枣25克，白糖、湿淀粉各适量。

【制　作】 将莲子、白果、栗子、橘饼、苹果、香蕉、橘子、蜜枣等均切成小丁，加入适量的白糖和清水，煮沸后用湿淀粉勾芡即成。

【用　法】 早晚分食。

【功　效】 健胸丰乳，益气养血，暖胃散寒。

6. 荔枝桂圆羹

【原　料】 荔枝肉10枚，桂圆肉20枚，冰糖、炼乳各适量。

【制　作】 将锅上火，加入清水，放入炼乳煮沸，然后放入冰糖煮沸，待冰糖溶化后倒入碗内；将鲜荔枝肉、桂圆肉切成细丁，放入热炼乳碗中即成。

【用　法】 早晚分食。

【功　效】 健胸丰乳，益气养血，暖胃散寒。

7. 枸杞子鱼鳔羹

【原　料】 枸杞子20克，净黄鱼鳔50克，猪瘦肉100克，沙苑子15克，精盐、酱油、味精各适量。

【制　作】 将净黄鱼鳔切成小段；沙苑子、枸杞子放水中，洗净；将猪瘦肉用清水洗净，切成片，加入精盐、酱油、味精拌匀，稍腌。将全部用料一起放入炖盅内，加适量开水，炖盅加盖用小火炖3小时即成。

【用　法】 早晚分食。

【功　效】 健胸丰乳，益气养血，暖胃散寒。

8. 姜椒鲫鱼羹

【原　料】 鲫鱼1条(约250克)，生姜、橘皮、胡椒粉、精盐各适量。

【制　作】 将生姜去外皮，洗净切成丝。橘皮洗净，与姜丝、胡椒粉一同装入布袋，扎紧袋口，放入鲫鱼腹中，净鲜鲫鱼放入锅中，加水，放于火上，用小火煨熟，取出药袋，加精盐调味即成。

【用　法】 早晚分食。

【功　效】 健胸丰乳，益气养血，暖胃散寒。

9. 太子参银耳羹

【原　料】 太子参10克，银耳15克，冰糖适量。

【制　作】 将银耳用清水泡发，去杂质洗净，与洗净的太子参

一同放入锅内，加适量水，用大火煮沸后转用小火炖至银耳熟烂，加冰糖调味即成。

【用　法】 早晚分食。

【功　效】 健胸丰乳，益气养血，暖胃散寒。

10. 羊肉牛奶山药羹

【原　料】 羊肉250克，山药100克，牛奶250毫升，生姜适量。

【制　作】 将羊肉洗净，切成小块；生姜洗净，切片，共入锅中，加适量水，微火炖7小时，用筷子搅烂。另取锅1个，倒入羊肉汤1碗，加入山药（洗净切片）焖煮至烂，再倒入牛奶煮沸即成。

【用　法】 早晚分食。

【功　效】 健胸丰乳，益气养血，暖胃散寒。

11. 牛奶芝麻蜂蜜羹

【原　料】 牛奶200毫升，芝麻15～20克，蜂蜜适量。

【制　作】 将芝麻炒熟，研成末，再将牛奶煮沸，调入蜂蜜和芝麻末即成。

【用　法】 早晚分食。

【功　效】 美体丰乳，益气养血，润肠通便。

12. 牛奶香蕉羹

【原　料】 牛奶250毫升，香蕉250克，藕粉适量。

【制　作】 香蕉去皮，切成小片。炒锅上火，放入牛奶煮沸，加入香蕉片，煮沸后，用搅拌均匀的藕粉勾芡至浓稠羹即成。

【用　法】 早晚分食。

【功　效】 美体丰乳，益气养血，润肠通便。

13. 黄芪姜枣蜂蜜羹

【原　料】 黄芪20克，大枣10枚，姜片、蜂蜜、藕粉各适量。

【制　作】 将黄芪饮片用冷水浸泡20分钟，与姜片、大枣同入锅中，加水用小火煎煮30分钟，去渣留汁，趁热调入藕粉，在火

上稍炖片刻成稠羹,离火,加入蜂蜜,调匀即成。

【用　法】 早晚分食。

【功　效】 美体丰乳,益气养血,润肠通便。

14. 樱桃三豆羹

【原　料】 樱桃 30 个,绿豆、赤小豆、黑豆各 30 克。

【制　作】 将樱桃洗净,入锅,加水煮约 1 小时,加入洗净的绿豆、赤小豆、黑豆,同煮至豆烂搅成羹即成。

【用　法】 当点心,随量食用。

【功　效】 美体丰乳,益气养血,润肠通便。

15. 香蕉羹

【原　料】 香蕉 250 克,白糖、山楂糕、湿淀粉各适量。

【制　作】 将香蕉洗净,去皮后切成小丁;山楂糕切成丁。锅上火,放适量水,加入白糖,煮至溶化,撇去浮沫,投入香蕉丁,用湿淀粉勾流水芡,出锅倒入大碗内,撒上山楂糕丁即成。

【用　法】 上下午分食。

【功　效】 美体丰乳,益气养血,润肠通便。

16. 奶味豆浆羹

【原　料】 牛奶 200 毫升,豆浆 200 毫升,白糖、蜜饯、湿淀粉各适量。

【制　作】 将蜜饯切碎备用。取干净锅,先放入牛奶、豆浆和白糖,搅匀后,用文火煮沸,再洒入湿淀粉搅匀,勾成薄芡,再放入切碎的蜜饯,继续煮沸,然后离火即成。

【用　法】 早晚分食。

【功　效】 美体丰乳,益气养血,对抗疲劳。

17. 牛肉末豆腐羹

【原　料】 豆腐 250 克,牛肉末 50 克,草菇 30 克,葱花、鸡蛋清、植物油、香油、精盐、味精、蚝油、胡椒粉、湿淀粉、鲜汤各适量。

【制　作】 将豆腐切成小粒,草菇也切成小粒。炒锅上火,放

植物油烧热，下入葱花、牛肉末煸炒几下，然后放入鲜汤、豆腐粒、草菇粒及胡椒粉、蚝油、精盐和味精，再用湿淀粉勾芡，加入鸡蛋清，淋上香油即成。

【用　法】 佐餐，随量食用。

【功　效】 美体丰乳，益气养血，对抗疲劳。

18. 香菇海参羹

【原　料】 香菇 50 克，海参 100 克，冬笋片 20 克，火腿肉 10 克，香油、黄酒、味精、葱花、姜末、精盐、鲜汤、胡椒粉各适量。

【制　作】 将水发海参切丁，水发香菇和冬笋切碎。炒锅上火，放油烧热，放入葱花、姜末，爆焦，倒入鲜汤，然后加入海参、香菇、冬笋、精盐、黄酒、味精等，煮沸勾芡，倒入火腿末，撒上胡椒粉，淋上香油即成。

【用　法】 佐餐，随量食用。

【功　效】 美体丰乳，滋阴生津，益气养血。

19. 香菇豆腐羹

【原　料】 鲜香菇 100 克，豆腐 250 克，熟笋、熟青豆各 50 克，鲜汤、姜末、精盐、湿淀粉、味精、植物油、香油各适量。

【制　作】 将香菇去蒂，用水漂洗干净，切成小方丁；豆腐、熟笋分别切成小方丁。炒锅上大火，放植物油烧至八成热，放豆腐丁、香菇丁、笋丁和青豆、鲜汤煮沸，再下精盐、味精、姜末煮入味，待汤煮沸时，用湿淀粉勾芡，淋上香油，装入碗中即成。

【用　法】 佐餐，随量食用。

【功　效】 美体丰乳，滋阴生津，益气养血。

20. 银鱼海带羹

【原　料】 银鱼 250 克，海带 150 克，植物油、精盐、味精、湿淀粉、鱼汤各适量。

【制　作】 将银鱼、海带分别洗净，用沸水焯过，滤去水分；海带切成丝。将鲜汤倒入炒锅中煮沸，去浮沫，加入精盐调味，放入

银鱼、海带丝、味精,用湿淀粉勾芡,淋上熟油即成。

【用　法】 佐餐,随量食用。

【功　效】 健胸丰乳,补肾益阴,养颜护肤。

21. 海参黄鱼羹

【原　料】 水发海参 100 克,大黄鱼肉 125 克,火腿肉 100 克,鸡蛋 1 个,葱段、肉汤、胡椒粉、猪油、黄酒、味精、精盐、湿淀粉各适量。

【制　作】 将火腿肉蒸熟,切成细末;将大黄鱼肉、海参洗净,切成厚片;鸡蛋打入碗内调匀。油锅加热,放入葱花略煸,加进黄酒、肉汤、海参片和黄鱼肉片,再加入胡椒粉,煮开后取出葱段,加入味精、精盐,用湿淀粉勾芡,然后将打好的鸡蛋慢慢地倒入,盛入碗中,淋上猪油,撒上火腿肉末即成。

【用　法】 佐餐,随量食用。

【功　效】 健胸丰乳,补肾益阴,养颜护肤。

22. 虾仁羊肉羹

【原　料】 羊肉 150 克,虾肉 120 克,大蒜 20 克,葱、姜、湿淀粉、精盐、味精、香油各适量。

【制　作】 将羊肉放入温水里烫一下,清水洗净,切成薄片;大蒜拣洗干净,切细;虾肉放入盐水里浸泡 10 分钟,再用清水洗净,切成粒。炒锅上火,放香油烧热,用姜片爆炒羊肉,烹入清水适量,煮沸后,再放入蒜粒、虾肉粒,煮 20 分钟,加入葱花,搅拌后加入精盐、味精调味,用湿淀粉勾稀芡即成。

【用　法】 佐餐,随量食用。

【功　效】 美体丰乳,补肾温阳,益气养血。

23. 海参虾仁猪肉羹

【原　料】 海参 1 个,虾仁 200 克,猪里脊肉 200 克,笋 150 克,香菇 4 克,鲜汤、淀粉、白糖、精盐、香油、黄酒各适量。

【制　作】 将海参涨发后去内脏,切成适当大小;虾仁加黄酒

和精盐腌10分钟，再加淀粉拌匀；猪肉切片；加淀粉、精盐拌匀；笋切片；香菇泡软，切适当大小的片。煮沸鲜汤，放入香菇片、笋片与海参煮2～3分钟后倒入里脊肉片，接着再放虾仁，加精盐、白糖调味后，用湿淀粉勾芡，淋入香油即成。

【用　法】 佐餐，随量食用。

【功　效】 健胸丰乳，补肾益精，养颜护肤。

24. 猪脊骨羹

【原　料】 猪脊柱骨1具，枸杞子100克，杜仲100克，甘草3克，大枣100克。

【制　作】 猪脊柱骨洗净，剁块；枸杞子、杜仲及甘草用纱布包好、扎紧，与大枣一同放入锅中，加适量水，大火煮沸，改用小火煎煮4小时至羹成。

【用　法】 早晚分食。

【功　效】 健胸丰乳，补肾益阴，养颜护肤。

25. 猪脊髓羹

【原　料】 猪脊髓150克，干竹荪200克，火腿肉50克，豌豆苗50克，鸡蛋皮、精盐、味精、胡椒粉、湿淀粉、香油各适量。

【制　作】 将竹荪用温开水浸泡透，洗净后捞出，挤干水，用刀顺长丝剖开，切成薄片，放入沸水锅中焯透捞出；猪脊髓洗净，切成段，放沸水中汆熟取出去皮；豌豆苗洗净；熟火腿肉、鸡蛋皮分别切成薄片。炒锅上火，放鲜汤适量，下竹荪、猪脊髓、火腿肉片及蛋皮，再将精盐、胡椒粉、味精投入后煮沸，撇去浮沫，放入豌豆苗，用湿淀粉勾流水芡，不断搅拌汤汁，使成浓稠羹，淋入香油即成。

【用　法】 佐餐，随量食用。

【功　效】 健胸丰乳，补肾益阴，养颜护肤。

26. 山药羊髓羹

【原　料】 羊髓150克，山药200克，姜末、食盐、味精各适量。

【制　作】 将新鲜羊脊骨洗净后剁碎取骨髓；山药洗净去外皮，切成极薄片；将羊脊髓和山药片一同放入锅内，加适量水，煮沸后改用小火煨至熟烂，最后加入姜末，调入精盐和味精，再煮2～3分钟即成。

【用　法】 佐餐，随量食用。

【功　效】 健胸丰乳，补肾益阴，养颜护肤。

27. 猪皮大枣羹

【原　料】 猪皮500克，大枣250克，冰糖适量。

【制　作】 将猪皮洗净，切小块，放入砂锅中，加适量水，用大火煮沸15分钟后转用小火炖煮2小时左右，加入洗净的大枣，用大火煮沸15分钟，再转用小火炖煮1～2小时，待猪皮稀烂成羹后加入冰糖溶化混匀即成。

【用　法】 佐餐，随量食用。

【功　效】 健胸丰乳，补肾益阴，养颜护肤。

28. 萝卜排骨羹

【原　料】 猪小排300克，白萝卜250克，醋、白糖、酱油、精盐、味精、淀粉、蒜蓉、胡椒粉、鲜汤、香菜、植物油各适量。

【制　作】 将排骨洗净，斩成小块，用醋、白糖、酱油、精盐、味精、淀粉腌渍；白萝卜切滚刀块，待用。植物油放微波炉深盘中，放入蒜蓉爆香，然后倒入腌好的排骨，高功率3分钟；取出后加入鲜汤、白萝卜块，用高功率10分钟至沸；取出加入胡椒粉，并以淀粉勾芡，再用高功率1分钟，取出后撒上香菜即成。

【用　法】 佐餐，随量食用。

【功　效】 美体丰乳，益气养血，润肠通便。

29. 猪肉鳝鱼羹

【原　料】 鳝鱼250克，猪肉100克，精盐、黄酒、味精、胡椒粉、生姜各适量。

【制　作】 将鳝鱼剖背脊后，去头、尾及内脏，切丝备用；猪肉

洗净，剁成泥。锅上火，加水适量，煮沸后将猪肉入锅，去浮沫，加入鳝鱼丝、黄酒，煮沸后改用小火慢煮。生姜去外皮，洗净，切成丝，放入锅内，待鳝鱼丝煮烂时加入胡椒粉、精盐、味精调味即成。

【用　法】 佐餐，随量食用。

【功　效】 健胸丰乳，双补气血，强身健体。

30. 猪蹄羹

【原　料】 猪蹄膀1只，葱段、姜块、精盐各适量。

【制　作】 先将猪蹄膀加工干净，放入热水中焯烫，捞出再用清水冲洗，然后用刀在其侧面上顺长划几刀，刀深至骨，放入锅内，加清水、葱段、姜块适量，待锅内水煮沸后改用微火，保持微沸，直至肉质熟烂，拣去葱段、姜块，加精盐调味即成。

【用　法】 佐餐，随量食用。

【功　效】 健胸丰乳，补肾益阴，养颜护肤。

31. 芝麻栗子羹

【原　料】 芝麻150克，栗子20克，白糖适量。

【制　作】 将芝麻炒香，研成末。栗子切成小颗粒，放入铁锅内，注入适量水，置大火上煮沸约30分钟后，用小火煨，加入芝麻粉及白糖，边熬边搅拌，至起稠即成。

【用　法】 当甜点，随量食用。

【功　效】 健胸丰乳，补肾益阴，养颜护肤。

（五）美体丰乳饭粥验方

1. 麦片牛奶粥

【原　料】 牛奶250毫升，大麦片150克。

【制　作】 将牛奶倒入锅中煮沸后，加入麦片，并不断搅拌，改用小火将麦片煮烂即成。

【用　法】 早晚分食。

【功　效】 美体丰乳，益气养血，对抗疲劳。

2. 牛奶苹果粥

【原　料】 牛奶500毫升，粳米200克，苹果500克，白糖适量。

【制　作】 将苹果洗净，去皮，切成两半，挖掉果核，再切成薄片，捣成果泥。将粳米淘洗干净，放入锅内，加入清水适量，熬至半熟时，倒入牛奶继续熬至米烂，加入白糖后起锅，稍凉后，拌入果泥即成。

【用　法】 早晚分食。

【功　效】 美体丰乳，养颜润肤，健脑明目。

3. 莲子大枣山药糯米粥

【原　料】 莲子20克，大枣10枚，山药25克，糯米50克，白糖适量。

【制　作】 将莲子、山药、大枣及糯米一同放入锅内，加水煮粥，粥熟时加入白糖，调匀即成。

【用　法】 早晚分食。

【功　效】 美体丰乳，养颜润肤，健脑明目。

4. 牛奶枣粥

【原　料】 牛奶250毫升，大枣20枚，粳米100克，红糖适量。

【制　作】 将粳米淘洗干净，放入锅内，加水1 000毫升，置大火上煮沸后，用小火煮20分钟，米烂汤稠时加入牛奶、大枣，再煮10分钟；食用时可酌加红糖，再煮开，盛入碗内即成。

【用　法】 早晚分食。

【功　效】 美体丰乳，益气养血，对抗疲劳。

5. 豆浆粟米粥

【原　料】 豆浆150毫升，粟米50克。

【制　作】 将粟米淘洗干净，放入锅内，加水适量，大火煮沸后，改用小火煨煮成稠粥，粥成时，调入豆浆，搅拌均匀，再煨煮至

无豆腥味即成。

【用　法】 早晨空腹食用。

【功　效】 美体丰乳，健脾利水，降低血脂。

6. 黄豆粥

【原　料】 黄豆 50 克，粟米 100 克。

【制　作】 将黄豆去杂，洗净，放入清水中浸泡过夜，次日淘洗干净，备用。将粟米淘洗干净，与黄豆同入锅内，加足量清水，大火煮沸后，用小火煨煮至黄豆、粟米熟烂即成。

【用　法】 早晚分食。

【功　效】 美体丰乳，养颜润肤，健脑明目。

7. 腐竹豌豆粥

【原　料】 腐竹 150 克，豌豆 50 克，大枣 15 枚，大米 100 克。

【制　作】 将水发腐竹切成小段，放入碗中备用。将大枣拣净，用清水冲洗后，与淘净的豌豆同入锅内，加水煨煮至豌豆熟烂，加入淘净的大米，拌匀，继续煨煮成稠粥，加腐竹小段，用小火，煮沸即成。

【用　法】 早晚分食。

【功　效】 美体丰乳，益气养血，对抗疲劳。

8. 荞麦绿豆粥

【原　料】 荞麦、绿豆各 100 克，大米 50 克，小茴香、精盐、味精各适量。

【制　作】 将荞麦、绿豆、大米、小茴香分别去杂，洗净，晒干或烘干，研成细末。将全部用料一起放入锅内，加清水适量，用大火煮沸后，改小火煮至粥成后，加入精盐、味精拌匀，再煮至 1～2 沸即成。

【用　法】 早晚分食。

【功　效】 健胸丰乳，清暑解热，润肠通便。

9. 豆浆粳米粥

【原　料】 豆浆150毫升,粳米50克,白糖适量。

【制　作】 将粳米淘净后入锅,加适量水,大火煮沸后,改用小火煨煮成稠粥,加豆浆、白糖,搅拌均匀,再煮片刻即成。

【用　法】 早晨空腹温食。

【功　效】 美体丰乳,健脾利水,降低血脂。

10. 猪骨腐竹粥

【原　料】 粳米300克,腐竹25克,猪骨250克,碱水、精盐、白糖、味精各适量。

【制　作】 将腐竹用清水浸泡30分钟,漂洗后置于碗内,倒入碱水充分揉洗,取出沸水冲洗,再以清水漂净碱味。将猪骨洗净,放入水锅内煮沸30分钟,把米、腐竹放入,大火煮沸,转用小火煮约2小时,加入精盐、白糖、味精即成。

【用　法】 早晚分食。

【功　效】 美体丰乳,益气养血,润肠通便。

11. 黑豆大枣粥

【原　料】 黑豆50克,大枣20克,糯米200克,红糖适量。

【制　作】 将黑豆、糯米浸泡过夜,洗净,入开水锅内小火煮熬10分钟;将大枣洗净,去核,加入粥中继续煮熬,待米烂豆熟粥成时,加入红糖,稍煮片刻即成。

【用　法】 早晚分食。

【功　效】 美体丰乳,滋阴生津,益气增力。

12. 红豆花生粥

【原　料】 红豆100克,花生仁50克,粳米100克,陈皮、白糖各适量。

【制　作】 将陈皮、花生仁、红豆分别洗净入锅,加入适量清水,大火煮沸约10分钟,再将粳米淘净加入,转用小火慢慢煮熬,待米烂豆熟粥成时,加适量白糖调味即成。

【用　法】 早晚分食。

【功　效】 美体丰乳，健脾利水，降低血脂。

13. 核桃仁大枣粥

【原　料】 核桃仁30克，大枣10枚，粳米100克，冰糖适量。

【制　作】 将核桃仁用水洗净；大枣用温水泡软，洗净；粳米用水淘洗干净。锅上大火，放水适量煮沸，下粳米、核桃仁、大枣煮沸，改用小火，放入核桃仁、冰糖慢炖成粥。

【用　法】 早晚分食。

【功　效】 美体丰乳，健脾利水，降低血脂。

14. 八宝粥

【原　料】 芡实、山药、茯苓、莲肉、薏苡仁、白扁豆、党参、白术各6克，粳米150克，白糖适量。

【制　作】 将前8味药，加适量水，煎煮40分钟，捞出党参和白术药渣，再加入淘净的粳米150克，继续煮粥即成。

【用　法】 早晚分食。

【功　效】 美体丰乳，健脾利水，降低血脂。

15. 香菇火腿肉粥

【原　料】 水发香菇25克，冬笋25克，熟火腿肉50克，糯米100克，料酒、胡椒粉、香油、葱花、姜末、肉汤各适量。

【制　作】 将火腿、冬笋切成丁。糯米淘洗干净后放入锅中，加入肉汤，上大火煮沸后加入火腿、冬笋及香菇、料酒、葱花、姜末等，用小火熬煮成粥，调入胡椒粉、香油即成。

【用　法】 早晚分食。

【功　效】 美体丰乳，养颜润肤，健脑明目。

16. 香菇干贝粥

【原　料】 水发香菇、鸡肉、荸荠各50克，粳米100克，干贝25克，猪油、黄酒、精盐、葱花、姜末、胡椒粉各适量。

【制　作】 将干贝放入碗中，加入黄酒、鸡肉，上笼蒸至熟烂

后取出;再将香菇切成小丁,荸荠去皮后切成小丁。粳米淘洗干净入锅,加入香菇丁、荸荠丁、清水1 500毫升、干贝及鸡肉,置火上煮沸,熬煮成粥后,放入精盐、猪油、葱花、姜末、胡椒粉稍煮拌匀即成。

【用　法】 早晚分食。

【功　效】 美体丰乳,补肾温阳,益气养血。

17. 虾皮菠菜粥

【原　料】 虾皮25克,粳米100克,菠菜50克,香油、精盐、味精各适量。

【制　作】 将虾皮洗净;菠菜拣洗干净,入沸水锅内烫一下,捞出过凉水,切成段;粳米淘洗干净。煮锅洗净,置于火上,加入适量清水,大火煮沸,放入粳米、虾皮、香油煮成粥,粥熟后放入菠菜、精盐、味精调味拌匀即成。

【用　法】 早晚分食。

【功　效】 美体丰乳,益气养血,润肠通便。

18. 蚌肉秫米粥

【原　料】 蚌肉、秫米(糯高粱)各100克,姜末、黄酒、精盐、味精、香油各适量。

【制　作】 将蚌肉放入盐水中浸泡15分钟,用沸水煮1次,过凉水,反复清洗;生姜洗净,切成碎末。将锅洗净,置火上烧热,放入香油,加入蚌肉炒散,烹入黄酒及精盐、姜末、味精,加少许清水,炒至入味后,装入碗内;把秫米淘洗干净,下锅,加入适量清水,上火煮至粥成后,将碗内蚌肉及调味料倒入拌匀,稍煮片刻即成。

【用　法】 早晚分食。

【功　效】 美体丰乳,滋阴生津,益气养血。

19. 银鱼羊肉糯米粥

【原　料】 干银鱼60克,鲜羊肉50克,萝卜100克,糯米100克,黄酒、姜丝、精盐、味精、香油、胡椒粉各适量。

【制　作】 将糯米用水浸泡过夜，淘洗干净；干银鱼拣净杂质，用水浸泡半小时，洗净；鲜羊肉洗净，切成小块；萝卜，切成细丝。将糯米放入锅内，加入适量清水，上火煮沸，加入羊肉块，煲至羊肉熟烂、糯米粥已成时，加入萝卜丝、银鱼、黄酒、姜丝、精盐、味精、香油拌匀，再煮1～2沸后，均匀地撒上胡椒粉即成。

【用　法】 早晚分食。

【功　效】 健胸丰乳，补肾益阴，养颜护肤。

20. 鲜虾干贝粥

【原　料】 鲜虾250克，粳米100克，干贝15克，精盐、淀粉、香油、白糖、香菜末、葱花各适量。

【制　作】 虾去头、壳，挑去脊背黑线(肠子)，然后加入白糖、精盐腌20分钟，再洗净，沥干水，加淀粉、精盐拌匀。粳米淘洗干净，放入锅中，置于火上，加入清水，煮沸后加入泡发洗净的干贝同煮；粥煲好后，放入虾肉、香油再煮沸，吃时撒下香菜末和葱花即成。

【用　法】 早晚分食。

【功　效】 美体丰乳，补肾温阳，益气养血。

21. 海参粳米粥

【原　料】 海参30克，粳米100克。

【制　作】 将发好的海参切碎，与淘洗的粳米同入水锅中，大火煮沸后，煨至海参熟烂、粥稠即成。

【用　法】 早晚分食。

【功　效】 美体丰乳，滋阴生津，益气养血。

22. 蟹肉莲藕粥

【原　料】 蟹2只，莲藕100克，鸡蛋2个，粳米100克，葱、姜、精盐各适量。

【制　作】 将莲藕去皮，切成长丝，泡于水中；鸡蛋分成蛋白、蛋黄，备用；蟹洗净后去壳、鳃、足，取出蟹黄，与蛋黄拌匀；分蟹身

为蟹块。油入锅烧热，放入碎蟹壳和蟹足、葱、姜，煸炒出香味后加水1 500毫升，用中火煮半小时，滤出汤液，并将粳米及莲藕放入汤液中，大火煮沸，再以小火煨1小时，投入蟹块、蟹黄和蛋黄、蛋白，熬成粥，最后按个人爱好调入葱、姜、精盐即成。

【用　法】 早晚分食。

【功　效】 美体丰乳，滋阴生津，益气养血。

23. 干贝鸡肉秫米粥

【原　料】 干贝30克，秫米100克，净鸡肉50克，荸荠50克，水发香菇50克，黄酒、精盐、猪油、葱、姜末、胡椒粉、味精各适量。

【制　作】 将干贝洗净，放入碗内，加入黄酒和洗净的鸡肉，上笼蒸至熟烂；把香菇用温水浸泡半小时，再洗净，切成小丁；荸荠去外皮，洗净，切成小丁；把秫米洗净。将香菇、荸荠、秫米、干贝和鸡肉一同放进锅内，加适量清水，用大火煮沸，转用小火煮，待粥成时，加入精盐、猪油、味精、葱、姜末、胡椒粉稍煮片刻即成。

【用　法】 早晚分食。

【功　效】 美体丰乳，滋阴生津，益气养血。

24. 羊脊骨粥

【原　料】 羊脊骨1具，羊瘦肉500克，山药50克，粳米100克，肉苁蓉20克，核桃仁2个，葱白、生姜、花椒、大茴香、胡椒粉、精盐各适量。

【制　作】 将羊脊骨洗净剁成段；羊肉洗净切块后，入沸水中氽去血水；山药、肉苁蓉、核桃仁装入纱布袋；花椒、八角等作料装入另一纱布袋，扎紧袋口，待用。将肉、骨放入清水锅内煮沸，撇去浮沫，再加入药料袋、作料袋和葱、姜、精盐，改为小火炖肉至八成熟，再加入粳米熬熟烂即成。

【用　法】 早晚分食。

【功　效】 美体丰乳，补肾温阳，益气养血。

25. 山药羊肉粥

【原 料】 羊肉25克,山药100克,糯米100克。

【制 作】 将羊肉、山药切块,入锅加水800毫升,小火煮熟烂,加入糯米煮成粥即成。

【用 法】 早晚分食。

【功 效】 美体丰乳,补肾温阳,益气养血。

26. 芝麻桃仁粥

【原 料】 黑芝麻200克,核桃仁200克,粳米100克,白糖适量。

【制 作】 将黑芝麻、桃仁分别拣去杂质,与粳米、白糖一同入水锅,大火煮沸后转用小火熬至粥熟即成。

【用 法】 早晚分食。

【功 效】 健胸丰乳,补肾益精,养颜护肤。

27. 糯米大枣羊骨粥

【原 料】 羊骨100克,大枣20枚,糯米100克。

【制 作】 将羊骨敲成碎块,开水浸泡后煎煮1小时,然后取出羊骨,加入浸泡后的糯米熬粥,待粥至八成熟时加大枣同煮,至米、肉熟烂即成。

【用 法】 早晚分食。

【功 效】 美体丰乳,益气养血,润肠通便。

28. 鸡肉麦仁粥

【原 料】 净母鸡1只,大麦仁150克,面粉50克,鸡蛋1个,精盐、味精、醋、胡椒粉、肉桂、大茴香、葱花、姜末、香油各适量。

【制 作】 将母鸡洗净,入沸水锅内汆一会儿,倒出血水,锅内加水适量,放入装有肉桂、大茴香的纱布袋,煮炖至肉烂离骨,捞出将鸡肉撕成丝;将鸡蛋煎成蛋皮,切丝。将麦仁去杂,洗净,放入另一锅内,加适量水,煮至开花,然后加入适量鸡汤,煮沸;再将面粉调成稀糊,慢慢调入鸡粥锅内,用勺不断搅动,待煮沸后调入精

盐，即成麦仁粥，把鸡丝、蛋皮丝放碗内，盛入麦仁粥，撒上葱花、姜末、味精、胡椒粉、醋、香油即成。

【用　法】 当主食，随量食用。

【功　效】 健胸丰乳，双补气血，强身健体。

29. 葱白鸡粥

【原　料】 鸡肉500克，粳米150克，香菜15克，大枣10粒，葱白、生姜各适量。

【制　作】 将葱白、香菜洗净，切碎；大枣、粳米洗净；生姜去皮，拍扁，切碎；鸡肉洗净，切块。将鸡、粳米、生姜、大枣一起放入清水锅内，大火煮沸后，改小火煮1小时，粥成放入葱花、香菜，调味即成。

【用　法】 当主食，随量食用。

【功　效】 健胸丰乳，双补气血，强身健体。

30. 牛肉麦仁粥

【原　料】 熟牛肉500克，大麦仁500克，面粉400克，精盐、味精、醋、胡椒粉、辣椒丝、葱花、姜丝、香油、牛肉汤各适量。

【制　作】 将牛肉切小块，大麦仁去杂洗净，面粉加冷水调成稀糊。锅内放牛肉汤和适量水，下大麦仁煮至开花，将面粉稀糊细流下锅，煮沸成麦仁面糊；另一锅内放牛肉、精盐、醋，盛入麦仁面糊，放入味精、胡椒粉、辣椒丝、葱花、姜丝、香油，煮沸后搅匀即成。

【用　法】 当主食，随量食用。

【功　效】 健胸丰乳，双补气血，强身健体。

31. 猪肝绿豆粥

【原　料】 猪肝100克，大米100克，绿豆60克，精盐、味精各适量。

【制　作】 将绿豆与淘洗干净的大米一同放入砂锅中，加清水1 000毫升，用大火煮沸，然后转用小火熬煮成稀粥，再放入洗净切成片的猪肝，待猪肝熟后加精盐和味精调味即成。

【用　法】 早晚餐食用。

【功　效】 美体丰乳，养颜润肤，健脑明目。

32. 骨髓芝麻粥

【原　料】 牛骨髓25克，黑芝麻25克，糯米100克，桂花卤、白糖各适量。

【制　作】 将牛骨髓、糯米、黑芝麻分别淘洗干净，放入锅内，加水1000毫升，用大火煮沸，再转用小火熬煮成稀粥，调入桂花卤即成。

【用　法】 早晚餐食用。

【功　效】 健胸丰乳，补肾益阴，养颜护肤。

33. 甲鱼猪肚粥

【原　料】 甲鱼1只(约500克)，猪肚250克，糯米100克，黄酒、姜片、胡椒粉、鲜汤、植物油、精盐、味精各适量。

【制　作】 将甲鱼宰杀后，剁去头，去掉甲壳、尾及爪尖，弃肠杂，用清水反复洗净，切成小块，放入开水中煮一下，捞出，刮去黑皮，洗净；猪肚用精盐多揉几次，刮去内层黏液，再用清水洗净，切成薄片。炒锅上火，放油烧热，放入甲鱼，迅速翻炒5分钟，加入黄酒、姜片略炒，再放入鲜汤、猪肚、淘洗干净的糯米，置大火上煮，水沸后，改用小火继续煮至甲鱼熟烂、糯米开花时，放入精盐、胡椒粉、味精调味即成。

【用　法】 早晚餐食用。

【功　效】 美体丰乳，益气养血，对抗疲劳。

34. 牡蛎芹菜粥

【原　料】 鲜牡蛎250克，大米200克，芹菜100克，鸡蛋1个，精盐、姜片、味精、生粉、猪油各适量。

【制　作】 将鲜牡蛎放入盐水中浸泡半小时，洗净，沥干水，放入碗中，加入精盐、黄酒、生粉拌匀；将芹菜去根及老黄叶后，取嫩绿茎的部分，清水洗净，切成丝。把大米中的杂质挑拣干净，再

用清水淘洗干净，放入锅内，加水适量，煮粥；待粥成时，将鸡蛋、鲜牡蛎、姜片调匀，倒入粥里，迅速搅动，至粥滚时，下入芹菜丝，再加猪油、味精调味煮沸即成。

【用　法】 早晚餐食用。

【功　效】 美体丰乳，滋阴生津，益气养血。

35. 牛奶梨片粥

【原　料】 牛奶 250 毫升，鸭梨 2 个，鸡蛋黄 3 个，大米 150 克，柠檬汁、白糖各适量。

【制　作】 将鸭梨去皮、核，切成厚片，加适量白糖上笼蒸 15 分钟，淋上柠檬汁拌和后离火。牛奶煮沸后加白糖，投入淘洗干净的大米，煮沸后小火煨煮成稠粥，调入打匀的鸡蛋黄，拌和后离火，分盛入碗，面上铺上数块梨片，浇上一匙梨汁即成。

【用　法】 早晚餐食用。

【功　效】 美体丰乳，止咳化痰，顺气和胃。

36. 豆浆玉米粥

【原　料】 豆浆 300 毫升，玉米面 50 克，精盐、味精各适量。

【制　作】 将玉米面用 100 毫升豆浆调成生糊备用。剩余豆浆煮沸 3～5 分钟，边搅拌边加入玉米面生糊，再用小火煮沸 3～5 分钟，加入精盐、味精调味即成。

【用　法】 早晚餐分食。

【功　效】 美体丰乳，止咳化痰，顺气和胃。

37. 豆浆薏苡仁粥

【原　料】 豆浆 200 毫升，薏苡仁粉 50 克，玉米粉 50 克，白糖适量。

【制　作】 将豆浆煮沸 3～5 分钟，加入用水调成的薏苡仁粉和玉米粉糊，边加边不停地搅拌（以防煳锅底），待沸，稍煮离火，加入白糖溶化即成。

【用　法】 早晚餐分食。

【功　效】 美体丰乳，健脾利水，降低血脂。

38. 豆浆南瓜粥

【原　料】 豆浆200毫升，大米100克，南瓜肉100克，精盐、葱花各适量。

【制　作】 将南瓜切成小块，剁碎，与大米一同煮成稠粥，加入豆浆搅匀，煮沸3～5分钟，加入精盐、葱花调味即成。

【用　法】 早晚餐分食。

【功　效】 美体丰乳，健脾利水，降低血脂。

39. 豆浆小米桂圆粥

【原　料】 豆浆200克，小米100克，桂圆肉20克，白糖适量。

【制　作】 将桂圆肉洗净，切碎。小米按常法煮成稠粥，加入豆浆搅匀，再煮沸3～5分钟，加入桂圆肉煮沸，离火后加白糖溶化即成。

【用　法】 早餐食用。

【功　效】 美体丰乳，养颜润肤，健脑明目。

40. 豆浆海带粥

【原　料】 豆浆200毫升，大米100克，海带50克，精盐、味精各适量。

【制　作】 将海带洗净，晒干或烘干，研粉。大米按常法煮成极稠粥，加入豆浆搅匀，煮沸3～5分钟，加入海带粉拌匀，加精盐、味精调味即成。

【用　法】 早餐食用。

【功　效】 美体丰乳，健脾利水，降低血脂。

41. 橄榄萝卜粥

【原　料】 橄榄肉50克，白萝卜100克，大米100克，白糖适量。

【制　作】 将橄榄肉、白萝卜洗净，切碎成米粒大小，备用。

大米淘洗干净，下锅加清水 1 000 毫升置火上煮沸，放入橄榄肉、白萝卜和白糖共煮粥即成。

【用　法】 早晚餐食用。

【功　效】 美体丰乳，止咳化痰，顺气和胃。

42. 桂圆桑椹粥

【原　料】 桂圆肉 15 克，桑椹 30 克，糯米 100 克，蜂蜜适量。

【制　作】 将桂圆肉与桑椹一同入锅，加水煎取药汁，去渣，入糯米煮粥，粥成调入蜂蜜即成。

【用　法】 早晚餐食用。

【功　效】 健胸丰乳，补肾益阴，养颜护肤。

43. 桑椹葡萄干粥

【原　料】 鲜桑椹 100 克，葡萄干 10 克，粳米 100 克，蜂蜜适量。

【制　作】 将紫鲜桑椹用水冲洗干净，去蒂；将粳米用水淘洗干净。将粳米与桑椹一起放入锅中，加水 1 000 毫升，用大火煮沸，改用小火烧 1 小时，候温时加入蜂蜜，撒葡萄干即成。喜吃凉者可将粥装入大容器内放入冰箱冰镇 2 小时即成。

【用　法】 早晚餐食用。

【功　效】 健胸丰乳，补肾益阴，养颜护肤。

44. 脊髓五味粥

【原　料】 粳米 300 克，糯米 100 克，花生仁 30 克，杏仁 10 克，芡实 10 克，莲子 20 克，蜜枣 30 克，葡萄干 10 克，山药 30 克，芋艿 30 克，猪脊髓骨 250 克，薤白 10 克，芝麻 20 克，鸡汤、五香粉、精盐、味精、植物油各适量。

【制　作】 将猪脊髓骨加水 1 000 毫升，入高压锅烧至喷气后改中火煮 30 分钟，候冷取出猪骨，砸开骨取脊髓，把骨汤倒出备用；将薤白用水泡软，对切成两半；芝麻炒熟研成末；莲子开水泡去皮，留心；杏仁去皮；蜜枣去核；芋艿刮去毛皮，切成滚刀块；山药洗

净后切成块，放入油锅中炸至金黄色时捞出控去油。将糯米和粳米混在一起淘洗干净，放入高压锅内，倒入鸡汤、猪脊髓和汤，加入适量水，煮至液体约有4 000毫升，再放入花生仁、杏仁、山药块、芋艿、芡实、带心莲肉、葡萄干、蜜枣、薤白、五香粉、精盐等，用大火煮沸，1分钟后改用小火煮30分钟，加入味精即成。

【用　法】 早晚餐食用。

【功　效】 健胸丰乳，补肾益阴，养颜护肤。

45. 核桃仁乌鸡粥

【原　料】 核桃仁400克，乌骨鸡胸脯肉30毫升，牛奶30克，鸡油、葱段、姜片、黄酒、精盐、味精、鸡汤、湿淀粉各适量。

【制　作】 将鲜核桃仁剥去绿色外皮，砸开硬壳，保持核桃仁完整取出，再剥去核桃仁薄皮，立即清水洗净，然后浸入冷水中以防风干变色；鸡脯肉去脂皮及筋，剁极细末，先用冷鸡汤调和，再入湿淀粉搅成鸡粥。取炒锅大火上烧热，入鸡油，炸葱段、姜片、烹入黄酒，将剩余鸡汤全部倒入，煮沸后撇去浮沫，再烧30秒钟，捞去葱、生姜不用，加入精盐、味精、牛奶，稍沸后，入湿淀粉勾薄芡；然后再下核桃仁、姜汁、鸡粥；用手勺搅匀，再煮沸，起锅倒入汤盆中即成。

【用　法】 早晚餐食用。

【功　效】 美体丰乳，补肾温阳，益气养血。

46. 八宝大枣粥

【原　料】 白扁豆15克，薏苡仁15克，莲子肉15克，核桃仁15克，桂圆肉15克，大枣15克，糖青梅5个，糯米150克，白糖适量。

【制　作】 将以上前3味用温水泡发，大枣洗净以水泡发，核桃仁捣碎，糯米淘洗干净，所有原料一同入锅，加水1 500毫升，用大火煮沸，用小火熬煮成稀粥即成。

【用　法】 早晚餐食用。

【功　效】 美体丰乳，益气养血，对抗疲劳。

47. 羊骨汤大枣粥

【原　料】 羊骨汤1 500毫升，大枣100克，糯米100克。

【制　作】 将大枣去核，再将糯米淘洗干净，一并入锅，加入羊骨汤，置大火上煮沸，转用小火熬煮成粥即成。

【用　法】 早晚餐食用。

【功　效】 美体丰乳，补肾温阳，益气养血。

48. 枸杞叶羊肉粥

【原　料】 鲜枸杞叶250克，羊肉100克，羊肾1只，粳米250克，葱白、精盐各适量。

【制　作】 将羊肾去筋膜、臊腺，洗净，切碎；羊肉洗净，切碎；鲜枸杞叶洗净，煎汁去渣。淘洗干净的粳米、羊肾、羊肉、葱白与煎汁一同入锅，加适量水，用大火煮沸后转用小火熬煮成稀粥，加精盐调味即成。

【用　法】 早晚餐食用。

【功　效】 美体丰乳，补肾温阳，益气养血。

49. 花生大枣黑米粥

【原　料】 大枣5枚，黑米50克，花生仁15克，白糖适量。

【制　作】 将大枣、黑米、花生仁分别洗净，一同入锅，加适量水，用大火煮沸，改用小火熬煮成稀粥，调入白糖即成。

【用　法】 早晚餐食用。

【功　效】 美体丰乳，补肾温阳，益气养血。

50. 腊八粥

【原　料】 粳米200克，甘薯、白果、荸荠、栗子、蚕豆各25克，黄豆15克，青菜250克，精盐、味精、桂皮、大茴香各适量。

【制　作】 将蚕豆、黄豆洗净，加水浸泡10小时后备用；甘薯、荸荠去皮；栗子去壳及外皮，切成小丁；白果去壳，去心；青菜洗干净，切丝。粳米淘洗干净，放入锅内，加入蚕豆、黄豆、甘薯、荸

荠、栗子、白果、桂皮、大茴香及清水 2 000 毫升，用大火煮沸后转用微火熬 40 分钟左右，至米粒开花，加入菜丝，再敖煮至米汤黏稠时，加入精盐、味精搅匀即成。

【用　法】 早晚餐食用。

【功　效】 美体丰乳，补肾温阳，益气养血。

51. 花生猪骨粥

【原　料】 大米 200 克，花生仁 60 克，猪骨 400 克，香油、精盐、味精、胡椒粉、香菜各适量。

【制　作】 将大米淘洗干净；花生仁用热水浸泡后剥去外衣；猪骨洗净，砸成小块，放入锅内，加水煮汤。然后将煮好的骨汤与大米、花生仁同放锅内，加入适量水熬成糊，再加入精盐、味精、胡椒粉、香油调匀；食用时，将粥盛入碗内，撒上香菜末即成。

【用　法】 早晚餐食用。

【功　效】 美体丰乳，益气养血，对抗疲劳。

52. 葛根粉粥

【原　料】 葛根粉 30 克，粳米 50 克。

【制　作】 将淘洗干净的粳米与葛根粉一同入锅内，加水 500 毫升，用大火煮沸后转用小火熬煮至粥稠即成。

【用　法】 早晚餐食用。

【功　效】 健胸丰乳，宁心安神，清心泻火。

53. 大枣桑椹粥

【原　料】 大枣 10 个，桑椹 30 克，百合 30 克，粳米 100 克。

【制　作】 将大枣、桑椹、百合放入锅中，加水煎取汁液，去渣后与淘洗干净的粳米一同煮粥即成。

【用　法】 早晚餐食用。

【功　效】 健胸丰乳，宁心安神，清心泻火。

54. 鹿茸粉粥

【原　料】 鹿茸粉 3 克，粳米 50 克，精盐适量。

【制　作】 将粳米煮粥，米汤数沸后调入鹿茸粉，加精盐少许，同煮为稀粥。

【用　法】 早晚餐食用。

【功　效】 健胸丰乳，宁心安神，清心泻火。

55. 绿豆葛根粥

【原　料】 绿豆50克，葛根粉30克，粳米50克。

【制　作】 将淘洗干净的粳米、绿豆一同放入锅，加水1 000毫升，用大火煮沸后转用小火熬煮，等粥熟时将葛根粉用冷水调成糊，加入粥中，稍煮片刻即成。

【用　法】 早晚餐食用。

【功　效】 健胸丰乳，宁心安神，清心泻火。

56. 山药猪肚粥

【原　料】 山药50克，天花粉20克，猪肚10克，粟米50克，紫苏、陈皮、杭菊、葱花、姜末、黄酒、精盐各适量。

【制　作】 将山药、天花粉分别洗净，晒干或烘干，共研成细末。猪肚用紫苏、陈皮、杭菊、葱花、姜末反复搓揉，洗净腥味，切成小块，一同放入锅内，加适量水，大火煮沸后，撇去浮沫，加入黄酒，并放入淘洗干净的粟米，再煮至沸时，调入山药、天花粉细末和精盐，继续煨煮至猪肚熟烂、粥稠黏即成。

【用　法】 早晚餐食用。

【功　效】 健胸丰乳，宁心安神，清心泻火。

57. 泥鳅粥

【原　料】 泥鳅300克，大米100克，火腿肉末30克，姜末、黄酒、精盐、胡椒粉、味精、香油各适量。

【制　作】 将泥鳅用开水烫死，去内脏洗净，放入碗内，放入姜肉末、精盐、黄酒、火腿肉末，上笼蒸至熟烂，拣去鱼刺、头、骨；大米淘洗干净。将煮锅洗净，大米下锅，加清水适量，置火上煮粥熟后加入泥鳅、味精、胡椒粉、香油，稍煮入味即成。

【用　法】 早晚餐食用。

【功　效】 健胸丰乳，益气养血，暖胃散寒。

58. 桂花赤小豆粥

【原　料】 糯米200克，赤小豆50克，白糖、桂花各适量。

【制　作】 将赤小豆淘洗干净，用冷水浸泡4小时。将糯米淘洗干净，放入锅内加入赤小豆和适量清水，用大火煮沸后，转小火熬至黏稠，将粥盛入碗内，加入白糖、桂花搅匀即成。

【用　法】 早晚餐食用。

【功　效】 美体丰乳，健脾利水，降低血脂。

59. 平菇黑米饭

【原　料】 黑米200克，平菇100克，大枣15枚。

【制　作】 将黑米淘洗干净，平菇洗净，切碎，大枣洗净，去核，再一起放入锅中，加水适量，煮饭至熟即成。

【用　法】 早晚分食。

【功　效】 美体丰乳，补肾温阳，益气养血。

60. 平菇什锦饭

【原　料】 鲜平菇250克，胡萝卜1根，芜菁(大头菜)50克，猪肉丝25克，粳米500克，葱花、酱油、精盐各适量。

【制　作】 将鲜平菇、胡萝卜、芜菁洗净，切丝，连同肉丝一并放入锅内与淘洗好的粳米掺在一起，再加入酱油、精盐、葱花、清水适量，用中火煮至汤将干，改用小火煮至收尽汤汁成米饭即成。

【用　法】 早晚分食。

【功　效】 美体丰乳，益气养血，对抗疲劳。

61. 鲜虾饭

【原　料】 鲜虾50克，粳米200克，鸡蛋1只，海带丝、豆腐干丝、胡萝卜丝、雪里蕻各25克，虾米10克，梨1个，植物油、精盐、黄酒、酱油、白糖、味精、胡椒粉、蒜粒、生姜丝、红辣椒丝各适量。

【制　作】 将虾洗净，剪去头冲尖端和须、脚，然后用黄酒、精盐和少许胡椒粉拌腌，使其入味；粳米淘洗干净，蒸熟待用；油锅加热，将鸡蛋煎成荷包蛋；锅内加油，爆香蒜粒和姜丝，倒入腌好的虾翻炒片刻，烹入黄酒和清水，烧至汤汁快干时盛出；锅内用热油爆香虾米，加少许精盐及红辣椒丝翻炒几下，再倒入切好的雪里蕻快炒几下，加少许味精拌匀盛出；锅内放植物油，快炒海带丝、豆腐干丝、胡萝卜丝，放入酱油、糖及蒜粒调味，加少量水稍煮，水干即成；梨削去皮，立即用盐水洗过，切片；米饭装入饭盒，稍凉后，再将这些加工好的虾、蛋、菜、梨等装入饭盒即成。

【用　法】 佐餐，随量食用。

【功　效】 美体丰乳，补肾温阳，益气养血。

62. 金银饭

【原　料】 红薯 100 克，粟米 75 克，大米 125 克。

【制　作】 将粟米、大米淘洗干净；红薯去皮，洗净，切成方块，备用。将粟米、大米先放入锅内，倒入适量清水，用大火煮沸后，改用小火焖至八成干，加入红薯块焖至香熟即成。

【用　法】 作正餐食用。

【功　效】 美体丰乳，健脾利水，降低血脂。

63. 茄汁豌豆炒饭

【原　料】 大米饭 500 克，猪瘦肉 150 克，猪油 50 克，鲜豌豆 200 克，番茄酱、紫菜、精盐、黄酒、姜、葱、味精各适量。

【制　作】 将葱洗净，切小段；生姜洗净，切片；豌豆剥去皮，洗净；番茄酱放碗内加少量水调稀；猪肉洗净放在开水锅内，加葱段、姜片、黄酒煮熟，捞出切小丁。炒锅上火，放油烧热，加入豌豆及少许精盐炒熟出锅；炒锅上火，放植物油烧热，倒入米饭和肉丁，加适量精盐炒透，再倒入豌豆和番茄汁，捞净葱姜，加入紫菜和味精，与炒饭一同食用。

【用　法】 作正餐食用。

【功　效】 美体丰乳，健脾利水，降低血脂。

64. 肉丁豌豆饭

【原　料】 大米250克，嫩豌豆150克，咸肉丁50克，植物油、精盐各适量。

【制　作】 将大米淘洗干净，沥水3小时左右；嫩豌豆冲洗干净。炒锅上大火，放植物油烧热，下咸肉丁翻炒几下，倒入豌豆煸炒1分钟，加精盐和水，加盖煮开后，倒入淘好的大米(水以漫过大米二指为度)，用锅铲沿锅边轻轻搅动。此时锅中的水被大米吸收而逐渐减少，搅动的速度要随之加快，同时火力要适当减小，待米与水融合时将饭摊平，用粗竹筷在饭中扎几个孔，便于蒸气上升，以防米饭夹生，再盖上锅盖焖煮至锅中蒸汽急速外冒时，转用小火继续焖15分钟左右即成。

【用　法】 作正餐食用。

【功　效】 美体丰乳，益气养血，对抗疲劳。

65. 大枣白鸽饭

【原　料】 大枣25个，净乳鸽1只，香菇3朵，米饭200克，黄酒、酱油、白糖、植物油、生姜各适量。

【制　作】 将乳鸽斩块，用黄酒、白糖、酱油、植物油浸6小时；大枣洗净，去皮、核；水发香菇切丝；将香菇、姜片一起入鸽肉中拌匀。米饭中加鸽肉、香菇、大枣，蒸15分钟即成。

【用　法】 作正餐食用。

【功　效】 美体丰乳，养颜润肤，健脑明目。

66. 大枣猕猴桃饭

【原　料】 大枣50克，猕猴桃80克，大米250克。

【制　作】 将猕猴桃与大枣加水1 000毫升，煎煮至约500毫升，加入淘净的大米，用电饭煲煮至近熟时，把猕猴桃与大枣摆放在米饭的表层上，再煮熟即成。

【用　法】 作正餐食用。

【功　效】 美体丰乳，益气养血，对抗疲劳。

67. 牛奶大米饭

【原　料】 牛奶 500 毫升，大米 500 克。

【制　作】 将大米淘洗干净，放入锅内，加牛奶和适量清水，盖上锅盖，用小火慢慢焖熟即成。

【用　法】 作正餐食用。

【功　效】 美体丰乳，滋阴生津，益气养血。

68. 蛋皮什锦饭

【原　料】 鸡蛋 3 个，糯米饭 100 克，猪瘦肉 50 克，竹笋 25 克，水发香菇、熟青豆各 15 克，青葱、淀粉、黄酒、精盐、味精各适量。

【制　作】 将猪肉、竹笋、香菇分别切成丁，笋丁放在水中煮一下；肉丁拌上黄酒、精盐及适量干淀粉。炒锅上火，放植物油烧热，下猪肉丁滑熟，再下笋丁、香菇丁炒和，并倒入糯米饭炒匀，加精盐、味精调味，最后投入青豆炒和起锅作馅；鸡蛋加适量精盐搅打成液，拌入调成糊的淀粉。平底锅刷上熟油，下一半鸡蛋液，转动锅子摊成薄饼，见蛋饼凝结，翻面，中间放上一半糯米馅，将圆饼两边向中间对折起锅装盘即成。

【用　法】 作正餐食用。

【功　效】 美体丰乳，养颜润肤，健脑明目。

69. 豆浆什锦饭

【原　料】 豆浆 200 毫升，糯米 300 克，葡萄干 50 克，熟花生仁、柿饼、桂圆肉、大枣、熟莲子、樱桃、核桃仁各 25 克，白糖、淀粉、植物油、香油各适量。

【制　作】 将豆浆煮沸 3～5 分钟，离火备用；糯米淘洗干净，用水浸泡后上笼用大火蒸熟，倒入器皿内，加入植物油、白糖及少量煮沸晾凉的豆浆，搅拌均匀；取一合适容器，抹上一层植物油，将熟花生仁、熟莲子、桂圆肉、大枣、柿饼、樱桃、核桃仁分别摆好，放入蒸熟拌匀的糯米饭，再上笼蒸至其余用料均熟后取出，扣入大盘中。锅上火，放入豆浆、白糖煮沸搅匀（溶），用豆浆调成的淀粉汁勾芡，淋上香油，浇在什锦饭上即成。

【用　法】 作主食食用。

【功　效】 健胸丰乳，补肾益精，养颜护肤。

（六）美体丰乳小吃验方

1. 牛奶鸡蛋糕

【原　料】 牛奶200毫升，鸡蛋4个，面粉500克，白糖、葡萄干、发酵粉、植物油、青梅各适量。

【制　作】 将面粉放入盆内加入发酵粉，打入鸡蛋，加入白糖，再慢慢加入牛奶、植物油，调和均匀；将葡萄干洗净，青梅切小丁。将平底锅上火烧热，倒入植物油，使锅底沾匀，倒入调好的面，摊平，上面撒上葡萄干和青梅，盖上盖，用最微的火烤10分钟即成。

【用　法】 当点心，随量食用。

【功　效】 美体丰乳，益气养血，对抗疲劳。

2. 烤椰汁软糕

【原　料】 牛奶、椰子汁各500毫升，鸡蛋清500克，白糖、玉米粉各适量。

【制　作】 将玉米粉放入盆中，加入椰子汁，用手勺拌和；炒锅上火，放入清水，加入牛奶、白糖煮沸，再倒入和好的玉米粉（边倒边搅拌），待成糊时，速将锅离火；蛋清放入盆内，用筷子搅打均匀；将放入玉米糊的锅重新上火，煮沸后将玉米糊倒入装有蛋清的盆内，拌匀后再倒入抹好油的中盘内，然后将中盘放在加入清水的大盘内，再上烤炉烤熟即成。

【用　法】 当点心，随量食用。

【功　效】 美体丰乳，益气养血，对抗疲劳。

3. 牛奶杏仁糕

【原　料】 牛奶500毫升，甜杏仁250克，玉米粉400克，鸡蛋清500克，白糖适量。

【制　作】 将杏仁洗净，放入开水中泡好，用漏勺捞出，去皮后剁烂，放入清水搅匀，磨成浆，再用杏仁浆与玉米粉调匀；将白糖、牛奶、清水放入锅中煮沸，再将杏仁、玉米粉下入锅中，搅匀，煮熟待用；蛋清放入盆内，用蛋棒打匀。炒锅上火，放入烧好的杏仁糊煮沸，加入鸡蛋清，用手勺拌匀，倒入抹好油的中盘内，再将中盘放在加入清水的大盘内，然后放入烤炉中烤熟，取出凉后即成。

【用　法】 当点心，随量食用。

【功　效】 健胸丰乳，润肺止咳，润肠护肤。

4. 牛奶煎肉饺

【原　料】 牛奶500毫升，猪肥瘦肉200克，鸡蛋4个，面粉500克，酱油、精盐、味精、葱花、姜末、猪油各适量。

【制　作】 将猪肉剁成末，放入盆内，加入葱花、姜末、酱油、精盐、味精拌匀成馅；将面粉放入盆内，打入鸡蛋，加入牛奶，水(适量)和精盐，搅拌调匀成稠糊备用。将平锅上火烧热，加入猪油适量，烧热后舀入面糊50克，用锅铲摊成圆形薄饼，加上适量肉馅，用锅铲在半个饼面上摊匀，然后将饼皮对折，使之成半圆形肉饺，煎至上面的饺皮鼓起时再煎另一面，煎至肉饺两面均呈金黄色时，出锅装盘即成。

【用　法】 当主食，随量食用。

【功　效】 美体丰乳，益气养血，对抗疲劳。

5. 五丁饺

【原　料】 豆腐300克，豆腐皮4张，水发香菇、熟笋、熟青豆各60克，蘑菇、胡萝卜各30克，素鲜汤、面粉、白糖、植物油、精盐、酱油、味精、姜末、湿淀粉各适量。

【制　作】 将蘑菇、香菇、熟笋、胡萝卜各切成小丁，或剁成

蓉；豆腐漂洗后放入大碗中，加面粉、精盐、味精、白糖拌成豆腐馅；炒锅上火，放植物油烧热，下香菇丁、熟笋茸煸炒，再加入豆腐馅、青豆、酱油、味精、白糖、姜末拌炒为馅；将豆腐皮切成圆形片摊开，加馅后对折成半月形蛋饺，上笼蒸10分钟取出冷却。炒锅放油，烧至七成热，将蛋饺逐个放入炸至鼓起，皮色金黄，捞出沥油；锅内留适量余油，烧至七成热，投入蘑菇丁、香菇丁、熟笋丁、胡萝卜丁和青豆煸炒，加素鲜汤、酱油、白糖、味精煮沸，用湿淀粉勾芡，淋上熟油，起锅后均匀地浇在蛋饺上即成。

【用　法】 佐餐，随量食用。

【功　效】 美体丰乳，健脾利水，降低血脂。

6. 香菇猪肉饺

【原　料】 水发香菇、五花猪肉各150克，虾仁、去皮笋、韭菜各50克，火腿肉25克，山芋粉250克，精盐、味精、黄酒、肉汤、湿淀粉、香油各适量。

【制　作】 将香菇、虾仁、笋、韭菜、火腿分别洗净后切成碎末；五花肉去皮骨，洗净后切成碎末。炒锅上火，加入香油，将以上各料下锅略炒，烹入黄酒、味精、精盐、肉汤，烧透后用湿淀粉勾芡，淋上香油炒匀成馅心，起锅装在盆内，冷却后备用；将山芋粉放入碗内，冲入沸水拌和，倒在案板上揉成团，擀成扁圆形薄皮，放入馅心包拢，制成蒸饺形状，捏成荷叶边形，放入蒸笼内，上锅用大火蒸5分钟出锅，饺底蘸上香油即成。

【用　法】 当主食，随量食用。

【功　效】 美体丰乳，补肾温阳，益气养血。

7. 枸杞虾米饺

【原　料】 面粉500克，枸杞子25克，虾米50克，鲜肉100克，芹菜250克，香油、葱花、姜末、味精、精盐、胡椒粉各适量。

【制　作】 将芹菜去老根，摘净叶片，洗净，再入沸水锅中稍烫，捞出用冷水过凉，切成细末；枸杞子、虾米分别用温水泡一下，

洗净，切成末；鲜猪肉洗净，剁成肉蓉，放入盆内，加入精盐拌匀，加入芹菜末、味精、胡椒粉、姜末、葱花、虾米末、枸杞子末，拌匀成为馅料；面粉加少量精盐、水、香油拌均匀，双手掺匀，边掺边加 100 克水，再反复搓揉，揉匀揉透，揉上劲，面板抹上香油，放上揉过的面团，再稍揉几下，搓成长条，摘成面剂 40 个，压扁，擀成片，包入馅料，包卷成饺子。平锅置火上，加余下的香油，用微火烧热，将饺子摆入平锅里，煎至两面呈黄色时，熟透铲出装盘即成。

【用 法】 当主食，随量食用。

【功 效】 美体丰乳，补肾温阳，益气养血。

8. 五子登科饺

【原 料】 面粉 250 克，核桃仁、花生仁、杏仁、松子仁、瓜子仁各 50 克，净猪肉 250 克，葱花、姜末、精盐、味精、白糖、胡椒粉、香油各适量。

【制 作】 将核桃仁用热水浸泡片刻，挑去皮膜，晾干；花生仁、杏仁分别用温水浸泡，剥去皮膜，分别晾干。将去皮膜的核桃仁、花生仁、杏仁、松子仁和瓜子仁分别下入油锅中炸过，捞出沥油，均剁成碎末；猪肉剔去筋膜，洗净，剁成肉茸，放入盆中，加入精盐、白糖、胡椒粉、味精、香油、葱花、姜末和少量的水，顺着一个方向搅动，搅成糊状，最后加入 5 种炸过的果仁碎末，搅拌均匀，做成馅料；面粉加热水拌匀，和成热面团揉匀，放在案板上，揉匀揉透，饧面片刻，再稍揉几下，搓成长条，分成小面剂，摁扁，再擀成中间稍厚的圆形面皮；打入馅料，覆上后捏成 5 等份，上部有 5 个小孔洞，中间捏合一起；再将每个小孔洞捏一条边，然后将捏出的两条边折捏成一个小叶片，5 个圆孔都捏出此形，即成为生饺子；将生饺子摆入小笼中，摆成图案，用大火蒸熟，原笼垫盘直接上桌即成。

【用 法】 当主食，随量食用。

【功 效】 美体丰乳，补肾温阳，益气养血。

9. 松子仁肉饺

【原　料】 面粉250克,净猪肉300克,炸松子仁25克,新鲜绿叶菜500克,味精、酱油、白糖、香油、精盐、葱花、姜末各适量。

【制　作】 将净猪肉剁成蓉;绿叶菜择洗干净,放入沸水锅中焯透,捞入凉水中过凉,捞出,切成细末,挤去水,加精盐、味精、香油拌匀。猪肉蓉放入盆里,先加入酱油、白糖、葱花、姜末拌匀,逐渐加水,顺着一个方向搅动,搅至上劲,再加味精、香油拌匀,加入拌好的绿叶菜末、炸松子仁,搅拌均匀成为馅料;面粉加温水拌匀,和成面团揉匀,放在案板上摊开待凉,揉匀揉透,搓成条状,揪成小面剂,压扁,擀成中间稍厚的圆形面皮;将馅料打入面皮里,捏成木鱼形饺子生坯,摆入笼里,用大火沸水蒸7～8分钟即成。

【用　法】 当主食,随量食用。

【功　效】 美体丰乳,补肾温阳,益气养血。

10. 草菇羊肉饺

【原　料】 鲜草菇250克,羊肉500克,面粉500克,嫩韭黄250克,白菜心250克,口蘑汤、精盐、酱油、味精、葱花、姜末、香油、植物油各适量。

【制　作】 将草菇去根蒂,洗净后入沸水中焯透后捞出,立即冲凉;将草菇、羊肉分别剁成小米粒大小的碎末;白菜心切成小丁,挤去水分;韭黄切成细末。将草菇末、菜心、羊肉末、韭黄同放入一个碗内,加精盐、酱油、葱花、姜末、植物油、香油、口蘑汤,调匀后即为馅心,放入冰箱冷冻约30分钟;将面粉用冷水和成面团并用力糅合,用擀面棍制成饺子皮,放入馅心,逐个包成饺子,锅内放水,煮沸后下入饺子,煮熟后捞出即成。

【用　法】 当主食,随量食用。

【功　效】 美体丰乳,补肾温阳,益气养血。

11. 核桃仁薄荷饺

【原　料】 面粉600克,核桃仁100克,青红丝25克,薄荷粉

25克，白糖、玫瑰、猪油各适量。

【制　作】将炒锅上火，放入面粉100克炒干，再加入猪油、白糖、青红丝、玫瑰、核桃仁、薄荷粉，搅拌均匀，即成馅料。面粉150克，加入猪油拌匀，和成油酥面，搓匀揉透，分成20块面剂；面粉350克加水拌匀，和成冷水面团，揉匀揉透，盖上湿布饧面片刻，在案板上稍揉几下，搓成长条，揪成20个小面剂，每个小面剂掺入油酥面剂揉好，擀成圆形面皮，包入馅料，捏成饺子生坯，放平锅内烤至金黄色即成。

【用　法】当主食，随量食用。

【功　效】美体丰乳，补肾温阳，益气养血。

12. 牡蛎水饺

【原　料】牡蛎300克，粉条100克，豆腐100克，面粉500克，葱花、姜末、精盐、黄酒、酱油、植物油、蒜汁、香醋各适量。

【制　作】将牡蛎洗净，去净残壳，沥干，剁块；粉条用温水泡软洗净，捞出，切成末；豆腐切成小碎块放入盆中，再放入粉条末、葱花、姜末、牡蛎块，拌匀，再加植物油、精盐、酱油，搅拌均匀，即成馅料；面粉加水和成面团，反复揉匀揉透，盖上湿布放置饧面，在案板上揉几下，搓成长条，揪成小面剂，擀成中间稍厚的圆形面皮，包入馅料，包捏成饺子生坯。锅上大火，待水煮沸后放入饺子生坯，并用手勺轻轻推动至坯饺全部上浮水面，稍煮片刻即成。

【用　法】当主食，随量食用。

【功　效】美体丰乳，补肾温阳，益气养血。

13. 青梅核桃仁饺

【原　料】青梅50克，核桃仁50克，面粉50克，果酱70克，冬瓜条50克，白糖、可可粉各适量。

【制　作】将青梅、冬瓜条分别剁成末；核桃仁洗净，捞出，沥水，剁成末，放入盆中，加入青梅末、冬瓜条末、果酱，搅拌均匀，即成为馅料；面粉放入另一盆中，加入可可粉，用热水和成面团，揉

匀，放在案板上摊开晾凉，揉匀揉透，盖上湿布饧面片刻，先揉搓成长条，揪成小面剂，压扁，再擀成圆形薄面皮。将馅料打入面皮里，包成圆球形，用花夹子夹成核桃仁样花纹，即成蒸饺生坯；将饺子生坯摆入小笼里，上锅，大火沸水蒸3～4分钟即熟，原笼垫盘，直接上桌即成。

【用　法】 当主食，随量食用。

【功　效】 美体丰乳，补肾温阳，益气养血。

14. 五仁蒸饺

【原　料】 面粉50克，核桃仁25克，花生仁20克，杏仁15克，瓜子仁10克，莲子肉15克，冰糖、白糖、果酱、猪油各适量。

【制　作】 将莲子肉用冷水泡软，放入碗中，上笼蒸熟后研成莲蓉；核桃仁用热水烫一下，挑去皮膜晾干；花生仁、杏仁用清水浸泡，剥去外皮膜晾干；核桃仁、花生仁、杏仁和瓜子仁均剁成碎末；冰糖砸成碎末；莲蓉放入盆中，加入核桃仁末、花生仁末、杏仁末、冰糖末、白糖、果酱、猪油，搅拌均匀，即成为馅料。面粉加热水拌匀，和成热水面团揉匀，先放在案板上摊开冷却，再揉匀揉透，饧面片刻，揉、搓成长条，揪成小面剂，压扁，擀成中间稍厚的圆形面皮；将馅料打入面皮里，先捏成5个角，中间上部留一孔，然后分别把其中3个角推捏成花边，另两个角各对折捏紧，即成为饺子生坯。饺子生坯摆入小笼里，上火大气蒸数分钟即熟，原笼垫盘，直接上桌即成。

【用　法】 当主食，随量食用。

【功　效】 美体丰乳，补肾温阳，益气养血。

15. 芝麻酱蒸饺

【原　料】 芝麻酱600克，面粉500克，香油、白糖各适量。

【制　作】 将芝麻酱放入大碗中，加入香油、白糖，调拌均匀成为馅料；面粉加沸水拌匀，和成热水面团，摊开冷却，揉匀揉透，盖上湿布饧面10分钟后，揉搓成长条，揪成小面剂，按扁，擀成中

间稍厚的圆形面皮。将馅料打入面皮里，捏成饺子生坯；饺子生坯摆入笼中，用大火沸水蒸熟即成。

【用　法】 当主食，随量食用。

【功　效】 美体丰乳，补肾温阳，益气养血。

16. 龙宫探宝饺

【原　料】 鱿鱼 150 克，猪肥瘦肉 250 克，海参 150 克，面粉 250 克，葱花、姜末、精盐、味精、白糖、黄酒、胡椒粉、香油各适量。

【制　作】 将水发海参洗净，切成绿豆大的丁；水发鱿鱼洗净，切成绿豆大的丁；猪肥瘦肉剔去筋膜，洗净，剁成肉末，放入盆里，加少量水，顺着一个方向有力搅动至上劲后，加水 3～4 次，搅至黏稠、水肉混为一体时，加入葱花、姜末、胡椒粉、白糖、精盐、味精、香油、黄酒搅拌均匀，最后放入海参丁、鱿鱼丁，拌匀成为馅料。面粉加热水烫面拌匀成面团揉匀，放在案板上摊开晾凉，揉匀揉透，饧面片刻，稍揉几下，搓成长条，揪成小面剂，压扁，擀成中间稍厚的圆形面皮；将馅料包入面皮里，沿面皮外边自右至左捏成花边，封口成型，即成饺子生坯。将饺子生坯摆入小笼里，呈花式图案，大火蒸熟，原笼垫盘上桌即成。

【用　法】 当主食，随量食用。

【功　效】 健胸丰乳，补肾益阴，养颜护肤。

17. 三鲜蒸饺

【原　料】 面粉 500 克，干贝 50 克，水发海参 25 克，净鲜虾肉 25 克，鸡肉 100 克，猪五花肉 200 克，蟹肉 15 克，猪油 20 克，香油 20 克，酱油、味精、精盐、花椒粉、葱花、姜末各适量。

【制　作】 将干贝、蟹肉分别用温水泡发，洗净，切成丁；水发海参、鲜虾肉分别洗净，沥水，均切成丁；猪五花肉、净鸡肉分别剔去筋膜，再剁成蓉。将猪五花肉蓉放入盆中，加入鸡肉蓉，拌匀，即为馅料。面粉 250 克加入沸水，拌匀稍凉，反复搓揉，揉匀揉透成烫面团；面粉 250 克加水和成面团，反复搓揉，揉匀揉透成为水面

团。在案板上把两块面团合在一起,搓匀揉透,放置略饧,稍揉一下,搓成长条,按每50克5个揪成小剂,摁扁,擀成中间稍厚的圆形面皮;将馅料包入面皮中,包捏成半月形饺子生坯;将蒸笼抹上香油,摆入饺子生坯,盖严笼盖,上锅,沸水大火蒸约15分钟即成。

【用　法】 当主食,随量食用。

【功　效】 健胸丰乳,补肾益阴,养颜护肤。

18. 干贝牛肉饺

【原　料】 干贝50克,面粉500克,牛肉350克,猪肥膘肉150克,鸡汤、葱花、姜末、精盐、味精、花椒水、大茴香水、黄酒、胡椒粉、香油、酱油、醋、蒜瓣各适量。

【制　作】 将干贝洗净,发透。将牛肉、猪肥膘肉分别洗净,去筋膜,与发好的干贝放一起,用细绞刀绞成肉末;将肉末放入盆里,加入精盐、黄酒、味精、姜末、胡椒粉、花椒水、大茴香水,搅匀,再分次加鸡汤,顺着一个方向搅动,搅至稠黏,腌渍5分钟,再加葱花和香油,拌匀成馅料。面粉加温水和好,然后加水揉匀搓透和成面团,饧面片刻,再稍揉一下,搓成长条,揪下面剂,再擀成中间稍厚的圆形面皮,包馅捏成半月形饺子生坯。煮锅上大火,加清水,煮沸后下入饺子生坯,用漏勺沿锅底推动至坯饺浮上水面;盖锅待水沸,加少许凉水止沸,如此反复2～3次,至饺子熟透;将酱油、醋、蒜瓣放碗中调成蒜汁,吃时用饺子蘸蒜汁即成。

【用　法】 当主食,随量食用。

【功　效】 健胸丰乳,双补气血,强身健体。

19. 海米水饺

【原　料】 面粉1 250克,猪瘦肉750克,海米25克,黑木耳10克,时令鲜菜500克,酱油、味精、葱花、姜末、鸡汤、香油、醋、蒜瓣各适量。

【制　作】 将猪瘦肉剔去筋膜,洗净,剁成细泥;时令鲜菜依不同品种,加以适当处理,制成菜末;水发海米剁成末;将水发木耳

去老根、杂质，洗净，沥水，剁成末。猪肉细泥放盆内，加鸡汤搅拌至全部吃进，即加酱油、味精、香油、葱花、姜末、蒜瓣拌匀，再加海米末、黑木耳末和鲜菜末，拌匀成为馅料。面粉加水和匀，搓匀揉透，盖湿布略饧，在案板上稍揉，搓成长条，每50克面掐成5个面剂，擀成中间稍厚的圆形面皮，包入馅料，捏成饺子生坯。大锅上大火，放入清水煮沸，下入饺子生坯，用漏勺推动至饺子上浮，加凉水再煮至开，反复2次即成。

【用　法】 当主食，随量食用。

【功　效】 健胸丰乳，补肾益阴，养颜护肤。

20. 虾仁肉丁蒸饺

【原　料】 面粉500克，虾仁100克，猪肉30克，青菜100克，酱油、香油、味精、精盐、葱花、姜末、香菜各适量。

【制　作】 将虾仁和猪肉均切成小丁；青菜洗净剁细，挤去水；香菜洗净切末，然后将这些原料加香油、葱花、生姜末、酱油、食盐、味精和香菜末一起搅拌，调制成馅。将面粉200克用沸水拌和成面团，剩余300克面粉用凉水和好，再将两块面团合在一起揉匀，搓成长圆条，揪成40个小剂，按扁擀成圆皮，放馅包成饺子，捏上花边。将捏好的饺子装入笼中，用大火蒸约15分钟即成。

【用　法】 当主食，随量食用。

【功　效】 美体丰乳，益气养血，对抗疲劳。

21. 乌龙蛋清饺

【原　料】 水发海参100克，鸡蛋清100克，玉兰片50克，面粉150克，葱花、姜末、精盐、味精、白糖、黄酒、胡椒粉、猪油、鸡汤各适量。

【制　作】 将水发海参清洗干净，沥水，剁成米粒丁；玉兰片发透，洗净，沥水，剁成末。锅上火，加猪油烧热，倒入鸡蛋清炒熟搅成碎末；净锅上火，加入猪油烧热，加葱花、姜末煸一会儿，再加入海参丁、玉兰片末，煸炒后加入精盐、白糖、黄酒、胡椒粉、炒鸡蛋

清末，淋入鸡汤，翻炒片刻加味精，拌匀成为馅料。面粉加沸水拌匀，和成热水面团揉匀，稍揉几下，搓成长条，揪成小面剂，压扁，擀成中间稍厚的圆形面皮，包入馅料，先用右手的拇指和食指将两边捏住，再将另两条边捏拢成四个角，然后将相对应的两个角中心处捏合在一起，成为帆船形饺子生坯。将饺子生坯摆入小笼中，摆成图案，大火大气蒸熟，原笼垫盘直接上桌即成。

【用　法】 当点心，随量食用。

【功　效】 美体丰乳，滋阴生津，益气养血。

22. 海参蒸饺

【原　料】 海参 400 克，韭菜 150 克，鸡蛋 2 个，面粉 500 克，精盐、味精、香油、黄酒、植物油各适量。

【制　作】 将水发海参清洗干净，沥水，切碎；韭菜择洗干净，沥水，切成末；鸡蛋磕入碗中，搅打均匀成鸡蛋液；炒锅上火，放植物油烧热，加入鸡蛋液，炒熟盛出，捣碎成小块；将鸡蛋碎块放入盆中，加入海参碎块、韭菜末，拌匀，再加精盐、味精、香油、黄酒，搅拌均匀成为馅料。将面粉加适量的开水烫面，拌匀和成面团，反复搓揉，揉匀揉透成烫面团，放置稍饧，放在案板上再稍揉一下，搓成长条，揪成剂子，按扁，再擀成中间稍厚、周边较薄的圆形面皮；将馅料包入面皮里，捏成月牙形饺子生坯。笼里铺好笼布，摆上饺子生坯，盖上笼盖，上锅，沸水大火蒸约 7 分钟即成。

【用　法】 当点心，随量食用。

【功　效】 健胸丰乳，补肾益阴，养颜护肤。

23. 白菜牡蛎水饺

【原　料】 牡蛎 250 克，白菜 400 克，面粉 500 克，香油、姜末、香菜末、葱花、精盐、味精各适量。

【制　作】 将牡蛎去净残壳，洗净，沥水，切小丁；白菜择洗干净，放入沸水锅中烫至七成熟，捞出投凉，沥水，剁成碎末，挤去水。牡蛎丁放入盆内，加入白菜末、香菜末、葱花、姜末拌匀；再加精盐、

味精、香油，搅拌均匀，即成馅料。面粉加入少许精盐，加水拌匀和成面团，揉匀揉透，盖上湿布饧面片刻，在案板上稍揉几下，搓成长条，揪成每 50 克的 8 个小面剂，擀成中间稍厚的圆形面皮；将馅料包入面皮里，对折包捏成饺子生坯。锅上大火，水沸后下入饺子生坯，边下边用漏勺轻轻推动至饺坯浮上水面；水沸，再点两次凉水，再煮沸即成。

【用　法】 当点心，随量食用。

【功　效】 美体丰乳，滋阴生津，益气养血。

24. 蛤蜊蒸饺

【原　料】 面粉 500 克，蛤蜊肉 150 克，白萝卜 200 克，酱油、虾子、白糖、黄酒、湿淀粉、葱姜汁、植物油各适量。

【制　作】 将蛤蜊肉洗净，放入沸水锅里稍烫一下，捞出切成碎末；白萝卜切去顶、根，刮去外皮，洗净切成细丝；白萝卜丝放入沸水锅中，煮至五成熟捞出，用冷水投凉捞出，挤去水，斩成泥；炒锅上火，放植物油烧热，下入蛤蜊肉末，再加入酱油、虾子、白糖、黄酒、葱姜汁，煮沸，再加入白萝卜泥拌匀，炒片刻，用湿淀粉勾芡，盛入盘内，晾凉成为馅料。面粉加沸水烫面拌匀，稍凉，揉匀揉透成烫面团，放案板上摊开晾凉，再揉匀，盖上湿布放置饧面，再稍揉几下，搓成长条，揪成小面剂，压扁，擀成中间稍厚、周边较薄的圆形面皮；将馅料包入面皮中，包捏成半月形饺子生坯。将饺子生坯码入笼中，用沸水大火大气蒸熟即成。

【用　法】 当点心，随量食用。

【功　效】 健胸丰乳，润肺止咳，润肠护肤。

25. 豆腐鸡蛋汤面

【原　料】 面条 250 克，豆腐 250 克，鸡蛋 2 个，黄瓜 50 克，精盐、味精、胡椒粉、醋、鸡汤各适量。

【制　作】 将豆腐切条，黄瓜洗净，切条。将面条下入沸水锅内，煮至八成熟捞出；锅内放鸡汤煮沸，放入面条、豆腐煮沸。将搅

匀鸡蛋下锅内，再放入精盐、味精、胡椒粉、黄瓜条，煮沸后即成。

【用　法】 当小吃，随量食用。

【功　效】 美体丰乳，益气养血，对抗疲劳。

26. 口蘑鸡蛋汤面

【原　料】 面粉 300 克，口蘑 25 克，鸡蛋 3 个，青菜心 2 棵，鲜汤、精盐、味精、鸡油、香油、黄酒各适量。

【制　作】 将面粉与鸡蛋和匀，加适量的水糅合，使其成为硬韧的面团，再将面团擀成薄片，叠起并切成韭菜叶宽的面条；将口蘑洗净，用冷水泡发 1 小时，切成与面条相同宽度的丝。将泡口蘑的水(取清液)倒入锅内，煮沸后投入面条，煮熟后加入口蘑丝、青菜心、精盐、黄酒、味精、香油，煮沸片刻再淋上鸡油即成。

【用　法】 当主食，随量食用。

【功　效】 健胸丰乳，双补气血，强身健体。

27. 虾仁紫菜汤面

【原　料】 挂面 200 克，虾仁 20 克，鸡蛋 2 个，紫菜 10 克，精盐 2 克，葱花、植物油各适量。

【制　作】 将虾仁用热水泡软，鸡蛋打入碗内搅匀，紫菜撕碎。炒锅上火，放油烧热，下入葱花煸出香味，加入适量开水，放入虾仁，煮开，放入挂面煮熟，加精盐，淋入鸡蛋液，待蛋液浮于汤表面时，倒入装有紫菜的汤碗内即成。

【用　法】 当主食，随量食用。

【功　效】 健胸丰乳，补肾益阴，养颜护肤。

28. 海米菜花汤面

【原　料】 面条 500 克，海米 50 克，菜花 150 克，黑木耳 50 克，植物油、黄酒、精盐、味精、葱花、姜末各适量。

【制　作】 将菜花洗净，切成小朵，用开水烫一下，捞出；黑木耳用温水泡开，洗净；海米泡软。炒锅上火，放植物油烧热，下入葱花、姜末煸炒，再放入海米和清水煮沸，下入面条煮熟，然后放入黑

木耳、菜花、精盐、黄酒、味精，搅拌均匀，倒入大碗中即成。

【用　法】 当主食，随量食用。

【功　效】 美体丰乳，补肾温阳，益气养血。

29. 虾仁鳝鱼汤面

【原　料】 面条500克，精制虾仁100克，鳝鱼片30克，葱花、姜末、酱油、黄酒、精盐、味精、香油、鲜汤、鸡蛋清、湿淀粉、植物油各适量。

【制　作】 将虾仁洗净，放入碗中，加精盐、鸡蛋清、味精、湿淀粉拌匀，放热油锅中炒熟，捞出；鳝鱼片洗净，沥干，切段。炒锅上火，放植物油烧热，下入鳝片，炸2分钟，至黄亮香脆时，捞出，沥油；锅留底油，放入葱花、姜末煸香，下入炸好的鳝鱼片和炒过的虾仁，再放入酱油、黄酒、味精，另加鲜汤和适量水煮沸，放入面条煮熟，盛入碗中，淋上香油即成。

【用　法】 当主食，随量食用。

【功　效】 健胸丰乳，补肾益阴，养颜护肤。

30. 海参炒面

【原　料】 面粉250克，虾仁、水发海参、火腿肉各50克，鸡蛋3个，油菜心10克，玉兰片10克，植物油、猪油、葱花、精盐、味精、黄酒、鸡汤、湿淀粉各适量。

【制　作】 将面粉倒盆内，打入鸡蛋，加少许精盐及适量水，和成稍硬的面团，盖上湿布，饧15分钟，放案板上，擀成薄片，折叠起来，切成面条。锅内放水煮沸后下入面条，煮至八成熟捞出，控水，晾干；炒锅上火，放植物油烧热，下入晾干的面条，炸成金黄色捞出；锅复上火，放入鸡汤，下入炸好的面条，稍焖一会儿，盛入盘内；炒锅上火，放猪油烧热，下葱花炝锅，随后放入虾仁、海参、火腿肉煸炒几下，再放玉兰片、油菜心翻炒，烹黄酒，加精盐、味精，用湿淀粉勾薄芡，起锅后均匀地浇在面条上即成。

【用　法】 当主食，随量食用。

【功　效】 健胸丰乳，补肾益阴，养颜护肤。

31. 虾酱抻面

【原　料】 面粉500克，虾仁100克，鸡蛋清30克，虾酱100克，植物油、黄酒、精盐、淀粉各适量。

【制　作】 将面粉放入盆中，加适量水揉成较软面团，搓成粗条，用双手抓住面的两端，往案板上摔，反复几次；然后把面拉成条，上下甩动，把面条甩长约2米，向左手合拢，如此反复至面条均匀，放在案板上，撒上面粉，两手抓面条向相反方向抻面头，一手抓住大条的两头，另一手抓住大条的对折处，抻长后两手合拢，反复多次，直至面条如丝。将虾仁洗净，切成粒，放入碗内，加精盐拌匀，然后加入鸡蛋清、淀粉拌匀；炒锅上火，放植物油烧热，下入虾仁，炒熟盛出；炒锅重上火，放入虾酱炒一下，烹入黄酒，加精盐、味精、虾仁一起炒透，用淀粉勾芡成卤；炒锅上火，放入清水，大火煮沸，把抻好的面条放入水中煮熟，捞入碗中，拌入卤汁即成。

【用　法】 当主食，随量食用。

【功　效】 健胸丰乳，双补气血，强身健体。

32. 鲜虾肉炸面条

【原　料】 面条500克，鲜虾仁100克，绿豆芽100克，植物油、精盐、黄酒、胡椒粉、白糖、鲜汤、湿淀粉各适量。

【制　作】 将面条一团团地入热油锅炸至金黄色；虾仁切段，放入油锅中炸一下，倒出锅中余油，加鲜汤，放入洗净的绿豆芽，加精盐、黄酒、胡椒粉、白糖，煮沸后用湿淀粉勾芡，倒在面条上即成。

【用　法】 当主食，随量食用。

【功　效】 健胸丰乳，补肾益阴，养颜护肤。

33. 酸奶薄煎饼

【原　料】 面粉500克，酸牛奶250毫升，蜂蜜、白糖、猪油各适量。

【制　作】 将酸牛奶、白糖拌入白面粉中，加入100毫升清

水，搅拌成较稠的面浆；将平底锅刷上猪油，舀上一匙酸奶面浆，摊成薄饼，小火煎至两面淡黄色；蜂蜜倒入锅中，加少许水和白糖，用小火熬成较稠的糖浆，涂在薄饼上，将薄饼对折装盆即成。

【用　法】 当点心，随量食用。

【功　效】 美体丰乳，益气养血，润肠通便。

34. 核桃豆腐饼

【原　料】 盐炒核桃仁100克，豆腐500克，猪瘦肉150克，鸡蛋(取清)4个，植物油、淀粉、面粉、精盐、味精、胡椒粉、香油、猪油各适量。

【制　作】 将核桃仁剁成如绿豆大小的颗粒；猪肉冲洗干净，用刀背捶成蓉待用；将豆腐放入开水锅内略煮后捞出，用纱布包好，过滤成细泥，放入盆内，加入猪肉蓉，并充分搅拌均匀，加入鸡蛋清、猪油、干淀粉、面粉、精盐、胡椒粉、味精，然后用力搅拌成豆腐蓉，挤成如核桃仁大小的丸子，放入装核桃仁颗粒的盘内，使其粘满核桃仁颗粒待用。平底锅上火，放植物油烧热，放入生胚，按成扁圆形，煎至熟透后铲出；炒锅上火，放植物油烧热，投入煎过的核桃仁豆腐饼，炸至呈金黄色、核桃仁酥脆香时，捞出沥油，装入盘内，淋入香油即成。

【用　法】 当点心，随量食用。

【功　效】 美体丰乳，益气养血，润肠通便。

35. 美味虾饼

【原　料】 净虾肉250克，鸡蛋3个，荸荠、猪膘肉各100克，香菜15克，淀粉、精盐、白胡椒粉、香油、葱花、姜末各适量。

【制　作】 将虾仁剁成泥，荸荠去皮，与猪膘肉均切成绿豆大的粒，然后将三者混合一起，加鸡蛋清、淀粉、清水、葱花、姜末搅拌均匀，做成4个直径7厘米的圆饼；起锅置微火上，下香油烧至六成热，将虾饼逐个下油锅中炸透捞出；上桌时，将植物油烧热，将虾饼二次下锅炸成金黄色捞出，每个虾饼切成4块，仍摆成圆形放在

盘中,用香菜围边,撒上白胡椒粉、精盐、葱花即成。

【用　法】 佐餐,随量食用。

【功　效】 健胸丰乳,补肾益阴,养颜护肤。

36. 猪肉蛋黄虾饼

【原　料】 虾仁150克,猪膘肉50克,鸡蛋黄6个,火腿肉末20克,味精、黄酒、精盐、淀粉、鲜汤、香油各适量。

【制　作】 将虾仁洗净,与猪膘肉一起斩蓉,放碗内,加鸡蛋清和精盐、味精、黄酒、淀粉,搅成虾蓉;取鸡蛋黄放碗中搅匀,倒在涂油的盘内,上笼蒸熟,切成桂花形状待用;将虾蓉分为20份,挤成球状,滚上一层鸡蛋黄末,用手揿扁成虾饼,将火腿肉末点在虾饼中间,放在盘内,上笼蒸约2分钟取出;将炒锅上火,放入鲜汤,加适量精盐、味精煮沸,用湿淀粉勾成稀芡,加香油起锅,浇在虾饼上即成。

【用　法】 佐餐,随量食用。

【功　效】 健胸丰乳,滋阴助阳,强身健体。

37. 翡翠虾饼

【原　料】 虾仁250克,嫩蚕豆米150克,熟猪肥膘肉50克,鸡蛋1个,熟火腿肉15克,精盐、味精、黄酒、干淀粉、番茄酱、香油、植物油各适量。

【制　作】 将虾仁洗净,沥干;蚕豆米用沸水略烫,放冷水内浸凉,捞出沥干;取盘一只,放入香油,涂抹均匀;将火腿肉切成末,虾仁斩蓉,熟猪肥膘肉切成碎米粒状,同放碗内,再将鸡蛋清调开,倒虾蓉内,加精盐、味精、黄酒和干淀粉搅拌均匀;将嫩蚕豆米放砧板上,用刀剁成豆泥,将虾蓉放入和匀,用手挤成圆形小饼16只,放在香油盘内,虾饼中间点上火腿肉末待煎。炒锅上火,放植物油烧至四成热,将盘内虾饼滑入油锅内,边煎边将热油浇在虾饼上,待中间鼓起、色呈碧绿时离火,滗去余油。锅再上火,将虾饼干贴约1分钟起锅装盘(逐个分开),盘边放番茄酱蘸食即成。

【用　法】 佐餐，随量食用。

【功　效】 健胸丰乳，滋阴助阳，强身健体。

38. 红豆馅烤饼

【原　料】 面粉 500 克，面肥 50 克，红豆 150 克，白糖、芝麻、桂花、食碱、猪油各适量。

【制　作】 将红豆洗净，放锅内，加水，用大火煮烂，碾成细泥，加入猪油、白糖、桂花，拌匀成馅。取少许面粉加水，和成稀糊；将面肥放盆内，加温水调匀，放入面粉，揉成面团，待发酵后，对入碱水揣匀，饧 15 分钟；将面团搓成长条，切成 10 个面剂，擀成圆片，包上馅，收严口，揉成馒头形，再擀成 1 厘米厚的圆饼，上面抹一层稀糊，粘上芝麻，即成生坯；将烤炉烧热，把生坯逐个放入烤盘，烤 3 分钟，至饼面呈黄色时，翻个烤另一面，约烤 2 分钟即成。

【用　法】 当点心，随量食用。

【功　效】 健胸丰乳，滋阴助阳，强身健体。

39. 黄豆粉鸡蛋饼

【原　料】 黄豆粉 100 克，面粉 100 克，玉米粉 200 克，牛奶 150 毫升，鸡蛋 4 个，红糖适量。

【制　作】 将黄豆粉、面粉、玉米粉混合均匀，加入打匀的鸡蛋液、牛奶和适量清水，和成面团，再做成油煎薄饼；红糖入锅，加水少量，熬成糖液，抹在煎饼上，卷起即成。

【用　法】 佐餐，随量食用。

【功　效】 健胸丰乳，气血双补，强身健体。

40. 蘑菇鸡蛋饼

【原　料】 鲜蘑菇 300 克，鸡蛋 1 000 克，葱头 50 克，黄酒、奶油、植物油、精盐各适量。

【制　作】 将葱头洗净，剥去外皮，切成丝，用黄油炒至微黄时，放入洗净的鲜蘑菇片炒透，放入奶油搅匀，微沸后加适量精盐，调好味成鲜蘑馅；将鸡蛋磕入盆内，用筷子打匀，放精盐调匀成蛋

液;煎盘上火,放植物油烧热,倒入鸡蛋液,摊成圆饼,待其将凝结时,在其中央放上鲜菇馅,煎成金黄色的蛋饼即成

【用　法】 当主食,随量食用。

【功　效】 健胸丰乳,气血双补,强身健体。

41. 牛奶烧饼

【原　料】 牛奶 200 克,面粉 250 克,酥油 50 克,小茴香、精盐、食碱各适量。

【制　作】 将牛奶、酥油与适量的碱水混匀加面粉和面,制成软硬适中的面团;小茴香微炒,并研细末,与适量精盐混匀;将面团分别制成若干烧饼面剂,并撒入适量茴香,制成烧饼,上烤箱烤熟即成。

【用　法】 当点心,随量食用。

【功　效】 健胸丰乳,益气养血,暖胃散寒。

42. 芝麻肝饼

【原　料】 猪肝 200 克,猪肥肉 50 克,鲜虾仁 80 克,鸡蛋 2 个,奶油 100 克,葱白、花椒、淀粉、味精、精盐、黄酒、芝麻、植物油各适量。

【制　作】 将猪肝洗净,切成黄豆粒大小的丁,放碗中;肥猪肉和鲜虾仁一起剁成蓉,与肝丁一起加鸡蛋 1 个,以及淀粉、味精、精盐、黄酒各适量,拌匀成肝泥,分成 20 份;将奶油用刀捣碎,加入葱白、花椒剁成的蓉、精盐、味精,分成 20 份,做成小球状,将 20 个奶油球分别包入肝泥中成团;取碗 1 只,打入鸡蛋 1 个,搅匀后放入肝团,挂糊,再粘上一层芝麻,然后压成饼,放在五成热的油锅中炸至外表金黄时起锅,沥油入盘即成。

【用　法】 当点心,随量食用。

【功　效】 健胸丰乳,滋阴助阳,强身健体。

43. 豆浆核桃仁鸡蛋饼

【原　料】 豆浆 200 毫升,面粉 400 克,鸡蛋 1 个,核桃仁 50

克，黑芝麻 10 克，白糖、精盐、植物油各适量。

【制　作】 将核桃仁用温水泡发后去皮，炒熟，研成碎末；黑芝麻去杂，洗净，炒熟，研碎；将面粉、豆浆、鸡蛋液、核桃仁末、碎黑芝麻、白糖、精盐、植物油及适量清水搅拌均匀，和成软硬适宜的面团，揉匀，烙或烤成小圆饼即成。

【用　法】 早餐食用。

【功　效】 美体丰乳，益气养血，对抗疲劳。

44. 枣泥蒸饼

【原　料】 大枣 400 克，面粉 1 000 克，面肥 100 克，食碱、桂花各适量。

【制　作】 将面肥倒入盆内，加温水 500 毫升调匀，再倒入面粉和成面团发酵；将大枣洗净，放在屉上干蒸，熟后取出，放在盆中，加入桂花酱拌匀；待面发起后，加碱揉匀，搓成长条，按扁，擀成面片，再将桂花大枣均匀地摆放在面片上，由外向里卷成筒子形；蒸锅上火，将屉摆好，将面卷放入屉内，用大火蒸 20 分钟左右，取出后放在案板上稍晾，分别切成 50 克一个的小块即成。

【用　法】 当点心，随量食用。

【功　效】 美体丰乳，养颜润肤，健脑明目。

45. 蜜汁山药饼

【原　料】 山药 500 克，枣泥 100 克，糯米粉 80 克，蜂蜜、白糖、桂花酱、香油、植物油各适量。

【制　作】 将山药洗净，放入笼中蒸熟，取出剥去皮，放在案板上用刀抿成细泥，加入 50 克糯米面拌匀(其余糯米面作碟面)，放在案板上，摊成饼，用刀切成块；枣泥搓成条，再切成块与山药泥切等量块数，将山药泥逐块压扁，蘸着糯米面，把枣泥包起，轻轻压成扁圆形的饼。炒锅放在中火上，放油烧至七成热，放入山药饼，约炸五分钟呈金黄色时捞出；炒锅放入香油、白糖 50 克，在微火上炒至呈鸡血红色时，加入开水、蜂蜜、白糖、桂花酱煮沸，用漏勺捞出桂花酱渣，再移至微火上，将汁煨浓，放入山药饼，稍煨，盛入盘内即成。

【用　法】 当点心，随量食用。

【功　效】 美体丰乳，健脾利水，降低血脂。

46. 豆腐粉丝锅贴

【原　料】 面粉 500 克，豆腐 150 克，粉丝 100 克，蒜苗 30 克，精盐、味精、葱花、姜末、植物油各适量。

【制　作】 将粉丝用温水泡软，洗净剁碎；豆腐放入沸水锅中煮一下，取出沥水，切碎后放油锅内炒一会儿，出锅放盆内；蒜苗洗净，切碎；将粉丝、蒜苗放入豆腐盆内，加入精盐、味精、葱花、姜末拌匀成馅；面粉放盆内，加水和成面团，做成饺子皮，包馅成锅贴生坯；平锅放植物油烧热，放入锅贴生坯，加水适量，煎熟即成。

【用　法】 佐餐，随量食用。

【功　效】 美体丰乳，益气养血，对抗疲劳。

47. 香菇海参包

【原　料】 香菇、海参、猪肉各 150 克，熟鸡肉、火腿肉、玉兰片各 25 克，面粉 100 克，面肥 250 克，酱油、味精、精盐、花椒粉、碱水、姜末、葱花、海米、香油各适量。

【制　作】 将水发香菇、海参、玉兰片洗净后均切成丁；熟鸡肉、火腿肉也切成丁；猪肉洗净后剁成蓉；以上各料及海米共入盆内，加酱油、花椒粉、精盐、味精、葱花、姜末、香油搅拌成馅。面粉内加碱水、面肥、温水和成发酵面团，待面团发酵后搓成条，按常规做成包子；将包子放入蒸笼内，用大火蒸约 10 分钟即成。

【用　法】 当点心，随量食用。

【功　效】 美体丰乳，滋阴生津，益气养血。

48. 香菇肉包

【原　料】 水发香菇 150 克，猪五花肉 250 克，绿豆 100 克，火腿肉 50 克，山芋粉 500 克，黄酒、葱花、香油、味精、精盐、明矾各

适量。

【制　作】 将香菇、火腿肉洗净，香菇去蒂，均切成细末；五花肉去净皮骨，剁成肉泥；绿豆压碎，用开水泡后去掉豆壳，放在屉布上，上笼蒸烂备用。炒锅上中火，放入香油，投入葱花煸香后，加肉泥、香菇末、火腿肉末、绿豆略炒片刻，烹入黄酒，加入味精、精盐，炒熟后成馅心，起锅装在盆中，冷却后备用；山芋粉用面棍擀成细末，放在碗内，加入明矾冲入开水拌匀，放在案板上用力揉成团，用刀切成若干个剂子，逐个擀成薄圆形皮子，放入馅心包成包子，即成粉皮肉包；在肉包底面蘸上香油，放入铺上白屉布的蒸笼内，用大火蒸 10 分钟，出笼装在盘中即成。

【用　法】 当点心，随量食用。

【功　效】 健胸丰乳，双补气血，强身健体。

49. 莲枣包子

【原　料】 大枣 200 克，莲子粉 50 克，面粉 500 克，面肥、白糖、碱面各适量。

【制　作】 将大枣去核，洗净，剁成细末，加莲子粉、白糖拌匀制成馅；面粉放盆内，加面肥、水和成面团，待酵面发起，加碱揉匀，揪成 50 克一个的剂子，包入枣馅，捏成石榴形，上笼蒸 15 分钟即成。

【用　法】 当点心，随量食用。

【功　效】 健胸丰乳，双补气血，强身健体。

50. 蘑菇肉包

【原　料】 水发蘑菇、猪瘦肉各 250 克，熟鸡肉、面肥各 150 克，猪肥膘肉 100 克，虾仁 50 克，面粉 500 克，葱花、姜末、精盐、味精、食碱、酱油、植物油、香油各适量。

【制　作】 将面粉加入温水 250 毫升及面肥，和成发面面团；再将蘑菇、猪瘦肉、鸡肉、猪肥膘肉、虾仁洗净，分别切成豆粒大小的丁。炒锅内放底油，烧热，下肉丁煸炒，加酱油、葱花、姜末，再放

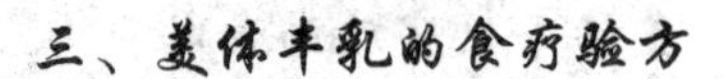

入鸡肉丁、蘑菇丁、虾仁丁和香油、精盐、味精，拌匀成馅；将发好的面加入适量碱液揉匀，按常规包肉馅做成包子，放入蒸笼，用大火蒸10分钟即成。

【用　法】 当点心，随量食用。

【功　效】 美体丰乳，补肾温阳，益气养血。

51. 什锦素包

【原　料】 面粉400克，面肥100克，水发海米25克，鸡蛋5个，水发黑木耳25克，细粉丝、茭白各100克，笋尖、香菇各25克，油菜心50克，黄菜花15克，香油、精盐、胡椒粉、味精、葱花、姜末、食碱各适量。

【制　作】 将面粉放入盆内，加面肥及水和成面团，发酵后，加碱揉匀，揪成40个面剂，擀成圆皮；将海米、笋尖、黑木耳、香菇、黄花菜、茭白、油菜心切成米粒大小；鸡蛋下油锅炒好后剁成末；细粉丝用热水泡开，剁碎。将各种加工好的原料放入盆内，加入香油、精盐、胡椒粉、味精、葱花、姜末搅拌成馅；将素馅包入面皮中，包成菊花形有褶包子，入笼蒸20分钟即成。

【用　法】 当点心，随量食用。

【功　效】 美体丰乳，补肾温阳，益气养血。

52. 四仁包子

【原　料】 甜杏仁25克，松子仁15克，核桃仁15克，花生仁20克，面粉350克，白糖、发酵粉、食碱、植物油各适量。

【制　作】 将杏仁、松子仁、核桃仁、花生仁一起剁碎，放入碗内，加入植物油、白糖、面粉，用手抓匀，制成四仁甜馅。取面盆1个，放入面粉、发酵粉，然后加入清水和匀，待发酵后将碱水揉进，并加白糖、植物油揉匀，搓成条，揪成面剂(约10个)；将每一个面剂揉均匀，压成圆皮，包入四仁甜馅，捏好口，上笼蒸熟后取出即成。

【用　法】 当点心，随量食用。

【功　效】 健胸丰乳，双补气血，强身健体。

53. 松子仁豆沙包

【原　料】 面粉 125 克，豆沙 100 克，松子仁 30 克，发酵粉、白糖、发粉、糖桂花各适量。

【制　作】 将面粉放在台板上，加入即速发酵粉、发粉、白糖拌匀，围成粉塘，放入温水 50 毫升左右，揉成面团放置片刻发酵成发面；松子仁洗净，放入锅内炒香，倒入盛有豆沙的盛器内，并加入少许糖桂花，拌匀制成馅心；将发好的面团揉成长条，揪成 5 只均匀的剂子，擀成扁圆形，中间厚四周薄，包上拌好的豆沙馅心制成长圆形，放入蒸笼内，放置片刻，上沸水锅内蒸熟即成。

【用　法】 当点心，随量食用。

【功　效】 健胸丰乳，双补气血，强身健体。

54. 枣泥包

【原　料】 大枣 500 克，面粉 1 000 克，面肥、食碱、白糖、桂花、猪油各适量。

【制　作】 将枣拍扁，取出枣核洗净，放入锅内煮烂，然后在铜丝细筛上擦成枣泥；炒锅倒入猪油烧热，加入白糖溶化，再倒入枣泥，用小火慢炒，炒至枣泥变浓、香味四溢时，盛入盆内，凉后加入桂花拌匀，即成枣泥馅。将面粉倒入盆内，加入面肥、水适量和成面团，发酵；将发面加入碱水揉匀，搓成条，切成 20 个面剂，按扁，包入枣泥馅，做成椭圆形包，上笼屉蒸 15 分钟即成。

【用　法】 当点心，随量食用。

【功　效】 健胸丰乳，双补气血，强身健体。

55. 苹果牛奶春卷

【原　料】 牛奶 500 克，鸡蛋清 100 克，苹果 2 个（约 300 克），面粉 200 克，白糖、苹果酱、丁香粉、植物油各适量。

【制　作】 将苹果洗净，削去皮后切成粗丝，撒上适量丁香粉，加入苹果酱，拌匀后放入冰箱；面粉中加入鸡蛋清、牛奶拌成糊

浆;以一铁锅,洗净后烘热,用植物油滑过后倒去油,上火烧热,淋入适量糊浆,转动铁锅,使面糊向四周淌开成直径为25厘米的圆薄片,翻身后再略煎一下取出;待面皮冷却后,每张包上苹果馅即成春卷,排放盘内,面上再撒些白糖即成。

【用　法】 当点心,随量食用。

【功　效】 美体丰乳,滋阴生津,益气养血。

56. 豆腐面粉卷

【原　料】 豆腐500克,面粉400克,精盐、味精、葱花、植物油各适量。

【制　作】 将豆腐下锅稍煮,捞出切碎,下热油锅煸炒,加入精盐、味精、葱花,炒入味成馅;将面粉加水和匀,揉成面团,将面团放案板上擀成大面皮,投上豆腐馅摊匀,卷起面皮成长条,用刀切成豆腐卷坯,贴入热锅,烧熟取出即成。

【用　法】 佐餐,随量食用。

【功　效】 美体丰乳,益气养血,对抗疲劳。

57. 鱿鱼春卷

【原　料】 水发鱿鱼150克,腊肉条150克,猪瘦肉150克,香椿100克,韭白500克,水发笋丝350克,春卷皮500克,味精、酱油、精盐、植物油、猪油各适量。

【制　作】 将腊肉条洗净蒸熟,水发笋丝洗净沥干;将鱿鱼、猪瘦肉及腊肉条切成丝;香椿切碎;韭白洗净,切成段;炒锅上大火,放猪油烧至七成热,投入水发笋丝,煸炒3分钟后放入味精、酱油、精盐,翻动两下迅速出锅,盛入碗内;取春卷皮一张铺在案板上,将猪肉丝、香椿末、韭白段、笋丝横铺在皮子中间,再放上鱿鱼丝和腊肉丝,向前翻摺一层,然后将皮子两边抹上凉水,再继续朝前翻摺,在封口处抹上凉水粘紧口后,成枕头块。锅上中火,放植物油烧至七成热,将春卷生坯顺锅边放入,待浮起时,用竹筷轻轻拨动翻炸,炸至两面均呈深黄色后用漏勺捞出即成。

【用　法】 当点心，随量食用。

【功　效】 健胸丰乳，滋阴助阳，强身健体。

58. 鸡蛋牛奶面包

【原　料】 鸡蛋3个，牛奶25克，黄油35克，面包25克，精盐适量。

【制　作】 将面包去四边，烤成两面金黄色，洒上溶化的黄油，放在一个盆中；鸡蛋打入碗中，放入牛奶和精盐，然后搅拌均匀。将煎盘上火，放入黄油烧热，倒入鸡蛋液，边炒边搅，待其呈稠糊时即离火，盛入盘中的面包上面即成。

【用　法】 当点心，随量食用。

【功　效】 美体丰乳，滋阴生津，益气增力。

59. 猪蹄芝麻糊

【原　料】 猪前蹄2只，黑芝麻50克，红糖适量。

【制　作】 将猪蹄用清水浸泡，然后用镊子拔去猪毛，除去蹄甲，用刀刮洗干净，再用刀断开，放入锅内，加清水适量，用中火煮2～3小时，中途经常加水，以防煮干，直至蹄肉熟烂；取其汤汁，将黑芝麻研末放入汤汁中，再用小火煮成糊，加入红糖，调匀即成

【用　法】 当点心，随量食用。

【功　效】 健胸丰乳，补肾益阴，养颜护肤。

60. 牛奶冲鸡蛋

【原　料】 牛奶250毫升，鸡蛋1个。

【制　作】 将鸡蛋打散，冲入牛奶，煮沸即成。

【用　法】 随早餐食用。

【功　效】 美体丰乳，养颜润肤，健脑明目。

61. 补髓蜜膏

【原　料】 牛骨髓250克，山药250克，蜂蜜250克，冬虫夏草3克，胎盘粉20克。

【制　作】 将牛骨髓、山药洗净后晒干，捣成碎末，冬虫夏草

亦捣成碎末，与胎盘粉混匀，一同放入搪瓷罐中，倒入蜂蜜250克，用小火煨炖30分钟，至汤稠成膏即成。

【用　法】 早晚各1匙(约20克)。

【功　效】 健胸丰乳，补肾益阴，养颜护肤。

62. 芝麻粽子

【原　料】 糯米750克，芝麻150克，猪油、白糖、糖桂花、面粉、粽叶各适量。

【制　作】 将糯米淘洗干净，放在清水中浸泡2个小时；粽叶用开水煮过后，浸泡在凉水中；将芝麻挑去杂质，淘洗干净，放在锅中，用小火炒熟，晾凉后放入小盆中，加入白糖、猪油和面粉拌匀，然后放入糖桂花搅拌均匀，即成芝麻馅；用粽叶2～3张，叠好后折成漏斗状，先填进一些糯米，再放入芝麻馅，上面再盖些糯米，包成粽子，用线捆紧；将粽子逐个码入锅中，加入清水，水要没过粽子，上面压一重物，盖上锅盖，用大火煮2小时左右即成(晾凉后食用)。

【用　法】 当点心，随量食用。

【功　效】 健胸丰乳，滋阴助阳，强身健体。

63. 黑芝麻四合泥

【原　料】 糯米2 000克，大米1 500克，黑芝麻、核桃仁各750克，黑豆、绿豆各350克，白糖、猪油各适量。

【制　作】 将糯米、大米、黑豆、绿豆分别用60℃的温热水发涨，沥干水，待水干后，分别入油锅内炒熟，一起用石磨磨成细粉，用细筛筛过，加开水调匀成四合泥；芝麻炒熟；核桃仁用开水发涨后，用油炸脆，压成碎粒。炒锅置中火上烧热，放入猪油，再下四合泥糊不断翻炒，炒至水气干，见吐油时，加白糖炒酥起锅，装盘后撒上桃仁酥、熟芝麻即成。

【用　法】 当主食，随量食用。

【功　效】 健胸丰乳，补肾益阴，养颜护肤。

64. 酸甜牛奶花生酪

【原　料】 花生酱 30 克,牛奶 1 瓶,面粉 100 克。

【制　作】 将面粉炒熟,备用;将牛奶入锅,煮沸后倒出;花生酱放入杯内,先倒入少许牛奶,将花生酱搅散,再缓慢地将牛奶注入花生酱中,边倒边搅匀,直至牛奶加完;然后放入炒熟的面粉调匀,置冰箱冷藏室内冰凉即成。

【用　法】 早晚分食。

【功　效】 美体丰乳,益气养血,对抗疲劳。

65. 酸奶什锦果

【原　料】 酸牛奶 1 瓶,黄瓜、荸荠、哈密瓜、香蕉、梨、苹果、无核蜜橘、糖水菠萝各 50 克,精盐 2 克,白醋、白糖各适量。

【制　作】 将梨、苹果、荸荠分别去皮、核后切成小方丁,并立即拌上白糖与白醋;黄瓜去子后切成小方丁,加入精盐腌渍 30 分钟,沥干盐水,并用冷开水冲清,拌入苹果、梨、荸荠丁中;哈密瓜去皮、子后切丁块拌入;菠萝切成小方块拌入;蜜橘去皮、络、衣后亦轻轻拌入;最后倒入酸牛奶与香蕉圆片,拌和即成。

【用　法】 当点心,随量食用。

【功　效】 健胸丰乳,清暑解热,润肠通便。

66. 蜜汁枣莲

【原　料】 莲子肉 250 克,大枣 10 克,白糖、蜂蜜各适量。

【制　作】 将莲子肉用温水浸泡后洗净;大枣洗净,剔去枣核;将莲子、大枣放入大蒸碗内,加少许清水,装入蒸笼,蒸至熟烂后取出;将汤汁滗入锅内,莲子、大枣装入汤盘中。将装有原汤汁的锅上火,加入白糖,熬至溶化时加入蜂蜜,收浓糖汁,浇在莲子和大枣上即成。

【用　法】 当点心,随量食用。

【功　效】 健胸丰乳,清暑解热,润肠通便。

67. 蜜桃冻

【原　料】 蜜桃1 000克,琼脂1克,玫瑰花0.5克,松子仁5克,白糖30克。

【制　作】 将桃削去皮,剖成两瓣,洗净;将玫瑰花切碎;将琼脂切成3段。汤锅上火,放清水,将蜜桃投入煮熟,捞起冷却,去桃核;汤锅上火,放清水适量下琼脂溶化,加入白糖、桃瓣,煮至糖起黏时离火,取扣碗1个,放入松子仁,再将锅内桃瓣捡出排列在碗内一周;原汤锅上火,煮沸,撇去汤面浮沫,加入玫瑰花,起锅倒入扣碗内冷却,放入冰箱内冻结后,取出扣入盘中即成。

【用　法】 当点心,随量食用。

【功　效】 健胸丰乳,清暑解热,润肠通便。

68. 樱桃冻

【原　料】 樱桃100克,牛奶250毫升,琼脂、白糖各适量。

【制　作】 将樱桃洗净;琼脂用温水泡软;将牛奶放锅内,置于火上加热至沸,放入泡软的琼脂,用小火使琼脂溶化,再放入白糖,待黏稠时,加入樱桃,放入盘内,置冰箱冷冻即成。

【用　法】 当点心,随量食用。

【功　效】 健胸丰乳,清暑解热,润肠通便。

69. 豆腐花生仁

【原　料】 豆腐250克,花生仁100克,水发黑木耳、胡萝卜、豌豆各30克,花椒油、精盐、味精各适量。

【制　作】 将豆腐放入沸水锅内煮透,捞入凉水内过凉,切成丁;再将花生仁用凉水泡涨,放入锅内,煮熟后捞出,用凉水过凉;黑木耳洗干净,撕成片;胡萝卜刮皮,洗净,切成丁,然后投入沸水中烫一下,用凉水过凉;豌豆放沸水锅内煮熟,捞入凉水内过凉;然后将豆腐丁、花生仁、黑木耳片,胡萝卜丁和豌豆放入盆内,加入精盐和味精,浇入沸花椒油,拌匀即成。

【用　法】 佐餐,随量食用。

【功　效】 美体丰乳，益气养血，对抗疲劳。

（七）美体丰乳凉菜验方

1. 小葱拌豆腐

【原　料】 豆腐300克，小葱100克，香油15克，精盐适量。

【制　作】 将豆腐用开水烫一下，切成丁；小葱洗净，切成小段。将豆腐丁放入盘内，加入葱段、精盐、香油，拌匀即成（爱吃辣味的，可稍加点辣椒油，味道更佳）。

【用　法】 佐餐，随量食用。

【功　效】 美体丰乳，益气养血，对抗疲劳。

2. 香菜拌豆腐

【原　料】 豆腐300克，香菜30克，香油、酱油、精盐、醋、味精、芥末、蒜蓉、辣椒油各适量。

【制　作】 将豆腐放在开水中煮透，捞出用冷水过凉，切成片后再切成丝；将香菜拣洗干净，切成末，与豆腐丝一起放入盘内，加香油、酱油、醋、精盐、味精、蒜蓉、辣椒油、芥末拌匀即成。

【用　法】 佐餐，随量食用。

【功　效】 美体丰乳，益气养血，对抗疲劳。

3. 鱼松拌豆腐

【原　料】 豆腐250克，鱼松60克，黄瓜50克，葱花、精盐、味精、植物油、香油各适量。

【制　作】 将豆腐用开水烫过，除去表面硬皮，用筛箩过细；锅内放适量油，下入葱花煸香，浇在豆腐上，然后再撒上精盐、味精、香油和鱼松，拌匀；黄瓜从中间剖开，顶刀切成半圆片，均匀地码在豆腐周围作点缀即成。

【用　法】 佐餐，随量食用。

【功　效】 美体丰乳，健脾利水，降低血脂。

4. 莴苣火腿肉拌豆腐

【原　料】 豆腐250克，莴苣200克，火腿肉、葱末、精盐、白糖、酱油、醋、香油、味精各适量。

【制　作】 将莴苣去皮，同豆腐、火腿肉一起均切成丁；豆腐切好后入开水锅中烫一下捞出；莴苣丁用精盐腌一会儿，然后去掉水；将豆腐丁、莴苣丁、火腿肉丁放在一起，葱花撒在上面，再放精盐、白糖、味精、酱油、醋、香油，拌匀即成。

【用　法】 佐餐，随量食用。

【功　效】 美体丰乳，健脾利水，降低血脂。

5. 黄瓜红油拌豆腐

【原　料】 豆腐250克，水发黑木耳50克，黄瓜100克，葱、红油、花椒油、醋、味精、酱油、精盐、白糖、香油各适量。

【制　作】 将豆腐切成丁，黄瓜切粒，发好的黑木耳、葱也切成同样大小的丁。锅内加水煮沸，将切好的原料入锅烫一下捞出。将红油、香油、花椒油、酱油、醋、精盐、白糖、味精调匀，浇在烫过的原料上即成。

【用　法】 佐餐，随量食用。

【功　效】 美体丰乳，健脾利水，降低血脂。

6. 枸杞子拌豆腐

【原　料】 豆腐250克，鲜枸杞子30克，精盐、味精、酱油、白糖、香油各适量。

【制　作】 将豆腐切成小丁，放入开水中烫一下，沥干水；枸杞子洗净，也入开水中烫一下，用刀切碎。将烫过的豆腐同枸杞子拌匀，放入精盐、味精、酱油、白糖、香油，吃时拌匀即成。

【用　法】 佐餐，随量食用。

【功　效】 美体丰乳，滋阴生津，益气养血。

7. 豆腐拌皮蛋

【原　料】 豆腐500克，皮蛋3个，香油、精盐、味精、葱花、姜

末各适量。

【制　作】 将皮蛋洗净,上笼蒸15分钟,凉后剥去壳,切成丁;豆腐用开水烫透,取出切成丁。将豆腐丁、皮蛋丁放入盘内,加入精盐、味精、香油、葱花、姜末,拌匀即成。

【用　法】 佐餐,随量食用。

【功　效】 美体丰乳,滋阴生津,益气养血。

8. 肉末拌豆腐

【原　料】 豆腐500克,猪肉末50克,香油30克,红油、酱油、精盐、味精、黄酒、葱花、姜末各适量。

【制　作】 将豆腐切成丁,用开水烫一下,装入盘内。将炒锅置火上,放入香油烧热,下肉末煸炒断生,加入葱花、姜末,烹入黄酒,再加入酱油、味精、精盐炒匀,淋入红油,倒在豆腐盘内,食时拌匀即成。

【用　法】 佐餐,随量食用。

【功　效】 美体丰乳,益气养血,润肠通便。

9. 甜面酱豆腐

【原　料】 豆腐750克,甜面酱、香油、精盐、味精、香菜末、葱花、姜末、蒜蓉各适量。

【制　作】 将豆腐切成丁,用开水烫透,捞出放入凉开水内,待凉后捞出,沥干水装盘。炒锅上火,放入香油烧热,加入葱花、生姜末、蒜蓉,倒入甜面酱炒熟,出锅待凉;将炒好的甜面酱倒在豆腐上,再加入精盐、味精、香菜末,拌匀即成。

【用　法】 佐餐,随量食用。

【功　效】 美体丰乳,补肾温阳,益气养血。

10. 虾仁拌豆腐

【原　料】 豆腐250克,鲜虾仁75克,香菜末25克,香油、芝麻酱、精盐、味精各适量。

【制　作】 先将豆腐放入开水锅内烫一下,切成条片;虾仁蒸

熟,切碎。将豆腐条码在盘内,上面放虾仁,加入精盐、味精、芝麻酱、香油,撒上香菜末,拌匀即成。

【用　法】 佐餐,随量食用。

【功　效】 美体丰乳,补肾温阳,益气养血。

11. 海蜇皮拌虾仁

【原　料】 海蜇皮 100 克,虾仁 30 克,莴苣 30 克,精盐、酱油、味精、鲜汤、香油各适量。

【制　作】 将海蜇皮用清水浸泡 24 小时,中途换水 3 次,洗净,切成细丝;虾仁用竹签挑尽沙线,洗净,入沸水锅中略烫。莴苣切成细丝,放精盐少许拌匀后,放入盘内垫底,再将海蜇皮丝放在上面,虾仁放在海蜇皮丝周围。碗内放入精盐、酱油、味精、鲜汤、香油调匀,淋在海蜇丝上即成。

【用　法】 佐餐,随量食用。

【功　效】 健胸丰乳,滋阴助阳,强身健体。

12. 拌麻辣猪皮丝

【原　料】 猪肉皮 500 克,大葱 150 克,精盐、味精、辣椒油、花椒粉各适量。

【制　作】 将猪肉皮洗净,加水 1 000 毫升煮沸,撇去白沫,再用小火煮 30～40 分钟,捞出,用刀片去肥肉,再改刀将肉皮片削成薄片,切成细丝。大葱洗净,切成细丝,放入肉皮丝内,再加精盐、味精、辣椒油和花椒粉适量,拌匀即成。

【用　法】 佐餐,随量食用。

【功　效】 健胸丰乳,双补气血,强身健体。

13. 凉拌牛蹄筋

【原　料】 熟牛蹄筋 250 克,腐竹 100 克,蒜蓉、姜末、味精、精盐、食醋、香油各适量。

【制　作】 将熟牛筋放入沸水锅中氽一下,切成段。腐竹用水泡软,煮熟,切成段,挤去水,与熟牛蹄筋一同放入碗内,拌匀,加

入蒜蓉、姜末、味精、精盐、食醋、酱油、香油，拌匀即成。

【用　法】 佐餐，随量食用。

【功　效】 健胸丰乳，补肾益阴，养颜护肤。

14. 猪皮羊肉冻

【原　料】 羊瘦肉 500 克，猪肉皮 250 克，葱、姜、白糖、黄酒、酱油、精盐、青蒜各适量。

【制　作】 将羊肉洗净，切成细长条；猪皮洗净切碎，与羊肉共放入锅中，加适量水上大火煮，煮沸后再煮 10 分钟，改用小火煮，并加入酱油、黄酒、葱段、姜片、白糖、精盐等，煮至肉熟烂、汤汁稠黏时离火，捞出葱段、姜片，将肉及鲜汤一起倒入盆内，冷却后即凝成冻，夏季放入冰箱成冻；用刀切成长方形薄片装盘，淋上香油，撒上青蒜花即成。

【用　法】 佐餐，随量食用。

【功　效】 健胸丰乳，补肾益精，养颜护肤。

15. 猪皮芝麻冻

【原　料】 猪皮 300 克，黑芝麻 30 克，黄酒、酱油、精盐、香油、食醋各适量。

【制　作】 将猪皮洗净，用开水烫洗，然后用镊子拔尽猪毛，再用清水冲洗干净，切成小块，放入锅中，加入适量清水，用大火煮沸后转用小火熬化，然后加入黑芝麻、黄酒、酱油、精盐，最后将制好的猪皮入容器中，吃时切成块，淋上香油和食醋即成。

【用　法】 佐餐，随量食用。

【功　效】 健胸丰乳，补肾益精，养颜护肤。

16. 姜醋猪肉皮

【原　料】 香醋 80 克，新鲜猪肉皮 750 克，黄瓜 100 克，香菜段、蒜蓉、葱段、姜片、花椒、姜末、香油、味精、白糖、精盐各适量。

【制　作】 将新鲜猪肉皮洗净并切成大块；炒锅上火，加水后放入肉皮，大火煮沸后撇去浮沫，加葱段、姜片、花椒，改用小火煨

烂，捞出肉皮，切成菱形块，趁热用白糖、精盐拌一下，晾凉；黄瓜洗净，切片，用精盐、味精、蒜蓉调好味后放在盘的周边，再将肉皮放在中间，随后将香菜段放在盘中，再用香醋、姜末、香油、蒜蓉(5克)、味精对成汁，浇在盘中即成。

【用　法】 佐餐，随量食用。

【功　效】 健胸丰乳，双补气血，强身健体。

17. 凉拌双鲜

【原　料】 鱿鱼1条，鸡肫5个，辣椒50克，生姜、酱油、黄酒、白糖、醋、香油各适量。

【制　作】 将鱿鱼切方格纹，再切片；鸡肫洗净，切花；辣椒切环片，加入生姜、酱油、白糖、醋、香油拌匀。将鱿鱼片和鸡肫片分别烫熟盛盘中，淋入调料即成。

【用　法】 佐餐，随量食用

【功　效】 健胸丰乳，补肾益阴，养颜护肤。

18. 拌猪肝菠菜

【原　料】 生猪肝100克，菠菜200克，水发海米15克，香菜、精盐、味精、酱油、醋、蒜蓉、香油各适量。

【制　作】 将生猪肝洗净，切成小薄片，用开水烫至断生，捞出用凉开水投凉，沥干水；菠菜洗净，切成段，放入开水中烫一下，再放入凉开水中投凉，沥干水；香菜切成段待用。把菠菜放入盘内，上面放肝片、香菜、海米，然后浇入用精盐、味精、酱油、醋、蒜蓉、香油对成的调味汁，拌好即成。

【用　法】 佐餐，随量食用。

【功　效】 美体丰乳，补铁养血，活血散寒。

19. 芝麻鸭肝

【原　料】 鸭肝500克，鸡蛋250克，植物油、精盐、黄酒、胡椒粉、芝麻、淀粉、面粉各适量。

【制　作】 鸭肝去苦胆，洗净，顺长度切成片，用黄酒、精盐、

胡椒粉拌腌20分钟备用;将鸡蛋清放入容器,用筷子打成糊,加入淀粉成蛋泡糊。炒锅上火,放植物油烧至六成热,将腌好的鸭肝拍上干面粉再蘸上蛋泡糊,再撒上芝麻,下入油锅中炸成浅黄色,改刀装盘即成。

【用　法】 佐餐,随量食用。

【功　效】 美体丰乳,补铁养血,活血散寒。

20. 拌首乌鸡丝

【原　料】 何首乌嫩茎叶400克,熟鸡丝100克,葱花、精盐、味精、香油各适量。

【制　作】 将何首乌茎叶择洗干净,入沸水中焯至断生,取出沥水,放碗内,加鸡丝、葱花、精盐、味精、香油拌匀,装盘即成。

【用　法】 佐餐,随量食用。

【功　效】 美体丰乳,补铁养血,活血散寒。

21. 拌三鲜

【原　料】 水发海参、虾肉、熟鸡肉各100克,黄瓜、香菜、香油、味精、香醋、酱油、姜末各适量。

【制　作】 将海参抹刀片成片,虾肉片成片,熟鸡肉片成片,黄瓜切菱形片;海参、虾片,分别下开水中烫一下,用凉水投凉,控净水;海参、虾片、鸡肉、黄瓜分别整齐堆放盘中,撒上香菜末。将香油、味精、香醋、酱油、姜末对成调味汁,浇在原料上拌匀即成。

【用　法】 佐餐,随量食用。

【功　效】 美体丰乳,滋阴生津,益气养血。

22. 莴苣拌花生

【原　料】 莴苣200克,花生仁150克,植物油、精盐、味精各适量。

【制　作】 将花生仁放油锅内炸熟,捞出放入盘中;将莴苣削去皮,切成细丝用精盐腌5分钟,挤去水,放入碗中,浇热植物油,放入味精拌匀,围在花生仁四周即成。

【用　法】 佐餐，随量食用。

【功　效】 美体丰乳，益气养血，对抗疲劳。

23. 茶叶鸽蛋

【原　料】 鸽蛋50个，茶叶、小茴香、黄酒、葱段、味精、生姜片、白糖、桂皮、精盐、花椒、酱油、陈皮各适量。

【制　作】 取大号砂锅1只，洗净，垫入竹垫，将洗净的鸽蛋放入，加葱段、姜片、桂皮、花椒、陈皮、小茴香、黄酒、味精、白糖、精盐、酱油、茶叶(装纱布袋中)，加满水，上大火煮沸，转小火炖30分钟即成。

【用　法】 佐餐，随量食用。

【功　效】 美体丰乳，益气养血，对抗疲劳。

24. 蜂乳番茄

【原　料】 蜂乳30克，番茄4个，蜜玫瑰适量。

【制　作】 将番茄洗净，放入锅中，倒入沸水烫约2分钟，捞起放入清水内漂冷，撕去外皮，切开成6瓣，去皮、蒂和子；蜂乳倒入碗中，加冷开水调散，淋于番茄瓣上浸匀，摆入盘中，放成花瓣形状，撒入蜜玫瑰粒即成。

【用　法】 佐餐，随量食用。

【功　效】 美体丰乳，益气养血，对抗疲劳。

25. 凉拌山药丝

【原　料】 山药300克，姜丝、葱花、香油、醋、精盐、白糖各适量。

【制　作】 将山药洗净、去皮、切成薄片，再切成细丝，放入漏勺中用冷水冲洗5分钟，洗去山药中的淀粉；在大锅内将水煮沸，放入沥干的山药丝，盖锅盖，用大火煮至水再次沸滚，山药丝刚熟时，捞出，用冷水冲凉沥干；另取一碗，放入白糖、醋、香油，混合备用。将山药丝、姜丝、葱花加精盐，搅拌后放入冰箱，吃时将混合调料淋入即成。

【用　法】 佐餐，随量食用。

【功　效】 美体丰乳，健脾利水，降低血脂。

26. 排骨香菜冻

【原　料】 猪排骨 500 克，鲜香菜 250 克，精盐、白糖、食醋、五香粉各适量。

【制　作】 将猪排骨剁块，加水 1 500 毫升，用小火熬煮成浓糊，除去骨渣，取 500 毫升糊汁，加入洗净切碎的香菜，并放入适量的五香粉、精盐、白糖、食醋，搅拌均匀，放冷成冻后即成(夏季可放入冰箱中)。

【用　法】 佐餐，随量食用。

【功　效】 健胸丰乳，双补气血，强身健体。

27. 桂花核桃仁冻

【原　料】 桂花 10 克，核桃仁 200 克，牛油、白糖各适量。

【制　作】 将核桃敲碎取仁，加水磨汁，放入白糖汁(白糖加入水中煮沸成白糖汁)混合，放入牛油，煮沸，晾凉，放冰箱内稍冻即成(食时切成小块、撒上桂花)。

【用　法】 佐餐，随量食用。

【功　效】 健胸丰乳，双补气血，强身健体。

28. 樱桃杏仁冻

【原　料】 樱桃 50 克，甜杏仁 50 克，白糖、琼脂各适量。

【制　作】 将樱桃洗净，放入盆内，加入开水闷烫后捞出，装入碗中；将杏仁放入碗中，加入开水闷泡后，滗去水，将杏仁去皮，剁碎，上石磨磨成细糊，装入碗中，加入清水搅匀，倒入净纱布内，挤压取浆，去渣；琼脂洗净，放入碗中，然后加清水，上笼蒸约 20 分钟取出。炒锅上火，放入杏仁浆、白糖、琼脂，大火煮沸，撇去浮沫，倒入盛有樱桃的碗内，待凉后放入冰箱里冰镇；炒锅上火，放入清水，再加白糖，煮沸后将锅离火，倒入碗内，待凉后用冰镇上；取出冰镇的樱桃杏仁冻，用刀在碗里斜划几道，直划几道，使其成为菱

形片，再加入冰镇好的糖水，待樱桃、杏仁冻在糖水中浮起即成。

【用　法】 佐餐，随量食用。

【功　效】 健胸丰乳，润肺止咳，润肠护肤。

29. 莲蓉冰冻

【原　料】 莲子300克，白糖、琼脂、青梅、芝麻、香精各适量。

【制　作】 将莲子洗净，用开水浸泡发软，剥去皮，捅出心，放容器内加入清水，上笼用大火蒸烂，取出制成莲蓉；将芝麻炒熟擀碎；将冻粉用水泡软，洗净沥水；将青梅洗净，切成小片。炒锅上火，添入清水，用中火煮沸后，放入莲蓉、冻粉、白糖，转小火熬成稠糊（要不停地搅动，防止粘锅），滴入香精搅匀，端离火口，晾凉放入冰箱，待冷却后取出，切成块放入盘中，撒上青梅丁、芝麻蓉即成。

【用　法】 佐餐，随量食用。

【功　效】 美体丰乳，健脾利水，降低血脂。

30. 海带丝肉冻

【原　料】 海带150克，带皮猪肉150克，精盐、白糖、米醋、桂皮、大茴香各适量。

【制　作】 海带泡软，洗净，切成细丝；带皮猪肉洗净，切成小块。海带、猪肉和桂皮、大茴香一同入锅，以小火煨成烂泥状，再加精盐调味，盛入方盘中，放入冰箱内，冻成海带丝肉冻即成（吃时蘸白糖、米醋食用）。

【用　法】 佐餐，随量食用。

【功　效】 美体丰乳，健脾利水，降低血脂。

31. 香椿豆腐卷

【原　料】 豆腐200克，香椿芽100克，鸡蛋100克，精盐、味精、黄酒、淀粉、植物油各适量。

【制　作】 将鸡蛋煎成蛋皮；香椿芽洗净，用开水略烫，切成碎末；豆腐压成泥，加以上调料拌匀。将蛋皮摊开，放入豆腐、香椿泥抹平，包成长方形，入油锅炸至金黄色捞出沥油，改刀装盘即成。

【用　法】 佐餐,随量食用。

【功　效】 美体丰乳,健脾利水,降低血脂。

32. 豆腐蟹肉卷

【原　料】 豆腐250克,鸡蛋1个,蟹肉10个,精盐、味精、椒盐、面粉、淀粉、小苏打、植物油各适量。

【制　作】 将豆腐捣烂,磕入鸡蛋、精盐、味精及少量淀粉拌匀成馅;将蟹肉从一边拨开,成一长方形片,把拌好的豆腐馅抹在上面,从一头卷起成筒形;取一碗,放入面粉、淀粉及少量小苏打,用水调成糊。炒锅上火,放入植物油,烧至五成热,将卷好的蟹肉粘匀糊,放锅中炸至金黄色捞出,切成小块码在盘中即成(吃时可蘸一点椒盐)。

【用　法】 佐餐,随量食用。

【功　效】 美体丰乳,补肾温阳,益气养血。

(八)美体丰乳热菜验方

1. 奶汁冬瓜

【原　料】 冬瓜500克,水发香菇75克,植物油、精盐、味精、湿淀粉、香油、牛奶、清汤各适量。

【制　作】 将冬瓜去皮、子,切成条;香菇洗净,去根,切成小片。锅置火上,放植物油烧至七成热,下入冬瓜条炸1~2分钟,见转为透明立即捞出控油;原锅留适量底油,再烧至七成热,下入香菇片煸炒几下,随即放入精盐和少许清汤,煮沸后倒入牛奶、冬瓜条,放进味精拌匀,再煮沸,用湿淀粉勾稀芡,淋入香油,盛入盘内即成。

【用　法】 佐餐,随量食用。

【功　效】 美体丰乳,健脾利水,降低血脂。

2. 牛奶萝卜

【原　料】 小红萝卜400克,牛奶100毫升,猪油、鸡油、精

盐、味精、料酒、湿淀粉、鸡汤各适量。

【制　作】 将小红萝卜去根、去皮，洗净，先切成块，再削成栗子大小球，放入沸水锅中煮透，捞出用凉水过凉，再控干水。炒锅上火，放入猪油烧热，下入鸡汤、味精、精盐、料酒和萝卜球烧透，再下入牛奶、鸡汤煮沸，用湿淀粉勾薄芡，起锅后淋入鸡油即成。

【用　法】 佐餐，随量食用。

【功　效】 美体丰乳，止咳化痰，顺气和胃。

3. 奶汁洋葱头

【原　料】 小洋葱头 20 个，牛奶 250 毫升，鲜奶油、黄油、面粉、精盐、胡椒粉、味精各适量。

【制　作】 将小洋葱头剥去皮，洗净，放入锅内加适量清水煮熟，捞出备用。取煎盘，加入黄油，用小火烧热，下入面粉混合拌匀，慢慢炒至出香味时，加入煮沸的牛奶将其冲开，边冲边用筷子搅动，制成稠沙司，再加入精盐、胡椒粉、味精及鲜奶油，调好口味，下入小洋葱头烧至微沸 30 分钟后即成。

【用　法】 佐餐，随量食用。

【功　效】 美体丰乳，健脾利水，降低血脂。

4. 牛奶茄子

【原　料】 茄子 3 个(约 800 克)，牛奶 100 毫升，人造奶油 25 克，土豆 50 克，葱头、植物油、面粉、精盐、鸡汤、胡椒粉、味精各适量。

【制　作】 将茄子去蒂，削去皮，洗净，将每个茄子从四面切成四等块，中间不用，再把每块茄子用直刀法隔一刀切透，刀距约 5 毫米，切成柳叶片；葱头去皮，洗净，切条；土豆去皮，洗净，切条。炒锅上火，放植物油烧热，下入葱头丝煸炒出香味，再放入茄片、面粉、牛奶、奶油、鸡汤、味精，用小火熬汤汁，起锅装入盘内。另起锅上火，加入植物油，待油烧至九成热时，投入土豆条炸成金黄色，再拌入少许精盐和胡椒粉，码放在盘子周围即成。

【用　法】 佐餐，随量食用。

【功　效】 美体丰乳，健脾利水，降低血脂。

5. 牛奶花菜

【原　料】 花菜(花椰菜)250克，牛奶100毫升，猪油、精盐、味精、鸡油、湿淀粉、汤、料酒、白糖各适量。

【制　作】 将花菜去叶，洗干净，按一朵朵小花掰下，放入开水锅里煮透，捞出放入凉水盆里冲凉，凉后再捞出沥干水。炒锅上火，放入猪油，待油热后，下入汤、料酒、食盐、味精、白糖，随后下入花菜，烧透，下入牛奶，待汤汁微开时，用湿淀粉勾芡，淋入鸡油即成。

【用　法】 佐餐，随量食用。

【功　效】 美体丰乳，降脂降压，防癌抗癌。

6. 牛奶菠菜

【原　料】 菠菜750克，洋葱头150克，牛奶300毫升，黄油、面粉、精盐、胡椒粉、桂皮面各适量。

【制　作】 将菠菜去老叶、杂质，洗净，入沸水锅中焯片刻，捞出后切成段；洋葱去老皮，洗净，切成碎末。用煎盘烧溶黄油，放入洋葱末，炒香后再放入菠菜段炒几下，加入精盐、胡椒面、桂皮面，调好口味，混合炒几分钟后停火，盛入盘内；用沙司盘一个，放入黄油烧融，下入面粉，炒出香味，冲入煮沸的牛奶，边冲边搅动，直到做成白沙司，与菠菜混匀即成。

【用　法】 佐餐，随量食用。

【功　效】 美体丰乳，补铁养血，活血散寒。

7. 酸奶芝麻茄子

【原　料】 茄子750克，芝麻30克，酸奶50毫升，蒜泥、精盐、柠檬汁、鲜胡椒粉、辣椒粉、植物油各适量。

【制　作】 把茄子洗净，削去皮，去蒂，切成小片，用煎盘一个，下植物油烧热，下入茄子片，煎熟取出，凉后放入一容器中加奶

油，捣烂，放蒜泥和碾碎的鲜胡椒粉、柠檬汁、辣椒粉和食盐调好口味；用小煎盘一个，把芝麻放入，摊开，放入烤炉里，将芝麻烤黄，然后放凉，取一半芝麻，放入茄子泥中，搅拌均匀后，放入盘内，再将另一半芝麻撒在茄子的表面上即成。

【用　法】 佐餐，随量食用。

【功　效】 美体丰乳，健脾利水，降低血脂。

8. 牛奶白菜头

【原　料】 净白菜头 350 克，牛奶 75 毫升，植物油、料酒、精盐、葱末、湿淀粉、味精、高汤各适量。

【制　作】 将嫩白菜去叶、去根，仅用白菜头，切成条，放入沸水锅中煮烂，用漏勺捞出，控干水，放入凉水中过凉，再将白菜条挤去水，放在平盘中备用。将炒锅置火上，放入植物油，再放入葱末炝锅，烹入料酒，加高汤、精盐，将白菜条下锅，用大火煮至汤浓汁少时，放入味精，用牛奶将淀粉和好，倒入锅汤内勾芡，再淋入所剩油，晃锅翻个，出锅，盛入盘中即成。

【用　法】 佐餐，随量食用。

【功　效】 美体丰乳，降脂降压，防癌抗癌。

9. 鲜奶萝卜球

【原　料】 牛奶 100 毫升，白萝卜、胡萝卜、青萝卜各 200 克，精盐、味精、鲜汤、湿淀粉、植物油、鸡油、黄酒各适量。

【制　作】 将 3 种萝卜去皮，洗净，切成大小相等的方块，然后再削成栗子大小的圆球，用沸水煮透捞出，用冷水过凉，沥干。炒锅上火，放植物油烧热，下鲜汤、精盐、黄酒、味精、萝卜球煮透，再下牛奶，待汤汁微沸，用湿淀粉勾薄芡，淋上鸡油即成。

【用　法】 佐餐，随量食用。

【功　效】 美体丰乳，止咳化痰，顺气和胃。

10. 大枣煲猪蹄

【原　料】 大枣 250 克，猪前蹄 1 具，生姜、葱、精盐、味精、酱

油、黄酒、胡椒粉、大茴香、冰糖、植物油各适量。

【制　作】 将大枣去核，冲洗干净，放入碗中；将猪蹄洗净，放在小火上慢烤，见成焦黑色时，离火放入清水中泡至发软，捞出刮去污垢，再用清水冲洗干净，然后剖开去骨，把肉整修均匀，肉面划出刀口，使其成菱形，放入沸水锅内稍煮，捞出用黄酒、酱油拌匀。炒锅上火，放植物油烧热，投入猪蹄，炸呈现淡红色时捞出，随后再投入汤锅内，煮熟捞出；取砂锅上火，放入竹垫，下入猪蹄，加入黄酒、精盐、冰糖、胡椒粉、大茴香、葱、生姜、酱油、大枣、清水，盖好盖，用小火焖一段时间后，将砂锅离火，揭开盖，捞出大茴香、生姜、葱，取出大枣、猪蹄；原锅上火，放入猪蹄，加入味精，倒入原汤，收浓汤汁；捞出猪蹄放在圆盆中，围好大枣，浇上鲜汤汁即成。

【用　法】 佐餐，随量食用。

【功　效】 美体丰乳，止咳化痰，顺气和胃。

11. 奶汤核桃仁

【原　料】 核桃仁 400 克，菜薹花 5 朵，奶汤 800 毫升，熟火腿肉、水发口蘑、玉兰片、姜汁、味精、黄酒、精盐、鸡油、猪油各适量。

【制　作】 将核桃仁去皮膜洗净，放入沸水中稍焯；捞出沥去水；火腿肉、玉兰片切成薄片；口蘑切成两半；将菜薹花、口蘑、玉兰片放入沸水中稍煮。炒锅上火，放猪油烧热，倒入奶汤，用小火煨成浓汤，然后加入口蘑、玉兰片、菜薹花、核桃仁，用大火煮沸，随后撇去浮沫，加入姜汁、黄酒、精盐、味精，淋上鸡油，将锅离火，倒入汤盘内，撒上火腿肉片即成。

【用　法】 佐餐，随量食用。

【功　效】 美体丰乳，止咳化痰，顺气和胃。

12. 豆腐狮子头

【原　料】 豆腐 300 克，水发香菇 30 克，去皮荸荠 100 克，冬笋 100 克，熟栗子肉 100 克，胡萝卜 20 克，芹菜 10 克，青豆 10 克，

红辣椒2个，饼干粉50克，面粉、湿淀粉、香油、味精、酱油、五香粉、精盐、醋、鲜汤、植物油各适量。

【制　作】将豆腐放在大碗中，搅拌成泥，放入味精、面粉、酱油、精盐及五香粉搅拌均匀，分成5份，分别沾匀饼干粉，做成"狮子头"状；将冬笋、青豆、栗子、芹菜、荸荠、香菇、胡萝卜均切成碎粒；将辣椒切成细丝。炒锅上火烧热，放植物油，用大火烧至八成热，放入狮子头，炸至红黄色，捞出控油，放在盘内；炒锅上火留底油，待油热后放入冬笋、青豆等碎粒，煸炒几分钟，加入鲜汤、酱油、红辣椒、醋和味精。开锅后用湿淀粉勾芡，淋上香油，将汤倒在狮子头上即成。

【用　法】佐餐，随量食用。

【功　效】美体丰乳，止咳化痰，顺气和胃。

13. 葡萄鱼

【原　料】山药500克，嫩豌豆50克，豆腐衣1张，面包渣50克，鸡蛋1只，面粉50克，姜末、酱油、醋、湿淀粉、植物油、葡萄汁、精盐、味精各适量。

【制　作】将山药洗净，入笼蒸熟取出，剥去皮制成泥；嫩豌豆放水中煮熟捞出，切成碎末，放入山药泥中，加入少量精盐、味精、植物油拌匀成馅；鸡蛋磕入碗内加面粉调成稀糊；豆腐衣放笼内蒸软；将豆腐衣平铺在案板上裁成2张梯形片，在每张的一半皮面上抹上蛋糊，另一半折叠在糊上面按紧，制成鱼皮；拌好的山药泥抹在鱼片上(厚1.5厘米)，制成鱼肉，撒上一层面粉拍实，先用刀沿长边间隔2厘米划一刀，深至鱼皮或一刀撒入一些面粉，再沿短边间隔1.5厘米划上直刀，划完后抖净面粉，撒上面包渣拍实，即成"葡萄鱼"的鱼坯。炒锅上中火，放植物油烧至六成热，将鱼坯轻轻放入油中炸至鱼皮卷缩，鱼肉粒涨满呈葡萄粒时捞出摆在盘中；炒锅放中火上烧干，下葡萄汁、姜末、酱油、醋，煮沸后用湿淀粉勾浓芡，加上味精，胡椒粉和热油搅匀浇在鱼上即成。

【用　法】 佐餐，随量食用。

【功　效】 美体丰乳，止咳化痰，顺气和胃。

14. 橘子奶豆腐

【原　料】 罐头橘子100克，奶粉75克，琼脂、杏仁霜、白糖各适量。

【制　作】 将琼脂用清水浸泡；杏仁霜和奶粉用少量水调成浆；平盘洗净(不要刷油)备用。琼脂泡软后捞出，加500毫升水煮化，待琼脂完全溶化后，加入调好的奶粉煮沸过滤后倒入平盘中，冷却至常温再入冰箱中冷藏，凝结成奶豆腐；白糖加清水500毫升，煮沸成糖水，入冰箱中冷藏成“冰糖水”；将奶豆腐放在平盘中，用小刀划成菱形小块，铲入碗内，加“冰糖水”和橘子即成。

【用　法】 当点心，随量食用。

【功　效】 健胸丰乳，润肺止咳，润肠护肤。

15. 奶油卷心菜

【原　料】 卷心菜500克，牛奶50毫升，鲜汤、湿淀粉、鸡油、植物油、胡椒粉、味精、精盐各适量。

【制　作】 将卷心菜洗净，切丝备用。大火烧锅，放植物油烧至七成热，把切好的卷心菜下锅过油后捞起，沥油待用；原锅留油20克，烧至六成热，将卷心菜下锅，倒入鲜汤，放精盐，翻动一下再放牛奶、味精，用湿淀粉勾芡，盛碟撒胡椒粉，淋鸡油即成。

【用　法】 佐餐，随量食用。

【功　效】 健胸丰乳，清暑解热，润肠通便。

16. 牛奶炒蛋清

【原　料】 鲜牛奶200毫升，鸡蛋清200克，熟火腿肉末50克，植物油、味精、芡粉、精盐各适量。

【制　作】 将鲜牛奶装入碗中，加入鸡蛋清、精盐、味精、芡粉，用筷子搅拌均匀。炒锅上火，放植物油烧热，下搅打均匀的牛奶蛋清拌炒，炒至刚断生，呈浓缩状，出锅装盘，撒火腿肉末围边

即成。

【用　法】 佐餐，随量食用。

【功　效】 美体丰乳，益气养血，润肠通便。

17. 蛋奶虾球

【原　料】 牛奶250毫升，鸡蛋清120克，河虾400克，精盐、味精、湿淀粉、葱段、黄酒、姜片、植物油、鲜汤各适量。

【制　作】 将河虾去头、剥壳、留尾，在背上划一刀，剔去沙线(肠子)；取碗1个，放入河虾，加入精盐、鸡蛋清、湿淀粉抓捏上劲；另取一个碗，放鸡蛋清100克，用筷子轻轻划散，缓缓冲入牛奶，边冲边搅，再加入适量精盐、味精、湿淀粉。炒锅上火，放植物油烧至二成热左右，将牛奶沿锅四周倒入，约煮10分钟，熟后倒出，沥出油，放植物入装有开水的碗中；炒锅上火，放油烧至四成热，倒入虾球，用筷子划散，倒出沥油；锅中留油25克，下葱段炝锅，拣去葱段，加入鲜汤、精盐、黄酒、味精，用湿淀粉勾芡，待芡汁起稠时，加入虾球，炒鸡蛋奶沥去水，也倒入锅中，用铲子拌匀，出锅装盘即成。

【用　法】 佐餐，随量食用。

【功　效】 美体丰乳，补肾温阳，益气养血。

18. 虾蟹鲜奶

【原　料】 鲜牛奶250毫升，鸡肝、蟹肉、虾仁、炸橄榄仁各25克，熟瘦火腿肉15克，鸡蛋清、味精、精盐、淀粉、猪油、黄酒各适量。

【制　作】 将虾仁用黄酒、精盐、味精、淀粉腌渍上浆；火腿肉切成小粒；鸡肝肉切成片，放入沸水锅氽至刚熟，倒入漏勺沥去水。炒锅上中火，放猪油烧至四成热，放入虾仁、鸡肝过油至熟，倒入笊篱沥去油；用中火烧热炒锅，下牛奶，烧至微沸盛起，将干淀粉、鸡蛋清、鸡肝、虾仁、蟹肉、火腿肉一半倒入牛奶拌匀；用中火烧热炒锅、下油滑锅后倒回油盆，再放猪油，放入已拌料的牛奶，边炒边翻

动，边加猪油，炒成糊，再放入橄榄仁，淋少许油，炒匀上碟即成。

【用　法】 佐餐，随量食用。

【功　效】 美体丰乳，补肾温阳，益气养血。

19. 蛋肉鲍鱼

【原　料】 原汁鲍鱼 120 克，鸡肉蓉 60 克，鸡蛋 2 个，水发香菇、水发玉兰片各 15 克，火腿肉、水发鱼肚、豌豆、鲜汤、黄酒、猪油、鸡油、湿玉米粉、面粉、发菜、味精、精盐各适量。

【制　作】 将鸡蛋清同鸡肉蓉、精盐、黄酒、味精、面粉、猪油搅成糊；把水发香菇、水发玉兰片、火腿肉、鱼肚等切成丝；鲍鱼放在盘中，将鸡肉糊装入鲍鱼腹中，鲍鱼上面放豌豆与发菜，上笼蒸熟；把切好的各种丝用沸水焯一下，再用鲜汤煨一下，捞出放入盘中，将蒸好的鲍鱼码在上面。炒锅中放鲜汤煮沸，加入味精、黄酒、精盐，用玉米粉勾成稀芡，淋上鸡油，盖于菜上即成。

【用　法】 佐餐，随量食用。

【功　效】 美体丰乳，滋阴生津，益气养血。

20. 枸杞虾仁

【原　料】 鲜虾仁 500 克，枸杞子 30 克，葱花、姜末、精盐、黄酒、鲜汤各适量。

【制　作】 将虾仁上浆划油，另起锅烹入葱花生姜末，倒入虾仁、枸杞子，加精盐、黄酒、鲜汤，调好口味，颠翻均匀即成。

【用　法】 佐餐，随量食用。

【功　效】 美体丰乳，滋阴生津，益气养血。

21. 板栗烧鲤鱼

【原　料】 净鲤鱼 1 条(约 1 000 克)，板栗 350 克，姜片、葱段、大蒜头、精盐、黄酒、红糖、酱油、植物油各适量。

【制　作】 将鲤鱼两边各剞四刀；大蒜头剥去皮拍破；板栗用刀切一小口，放入沸水锅中煮透，剥去外壳和种皮；鲤鱼用黄酒、精盐、酱油、葱段、姜片、大蒜头、红糖腌 20 分钟，将大蒜头、姜片、葱

段装入鱼腹内待用。炒锅上火，放植物油烧至七成热，放入鲤鱼炸成黄色捞起，将板栗肉下锅炸约 2 分钟；另一锅内加入清水 600 毫升，待水沸时放入炸好的鲤鱼和板栗肉，用小火慢炖，中间将鲤鱼翻一次身，至板栗肉熟时放入味精调味，收汁装盘即成。

【用　法】 佐餐，随量食用。

【功　效】 美体丰乳，滋阴生津，益气养血。

22. 百合桂圆煲鸡蛋

【原　料】 百合 50 克，桂圆肉 30 克，陈皮 1 片，鸡蛋 2 个，植物油、精盐各适量。

【制　作】 将百合、桂圆肉、陈皮分别洗净；鸡蛋去壳，打散，搅匀成蛋浆。炒锅上火，放植物油烧热，放入鸡蛋浆，慢火煎熟。瓦煲内加适量水，用大火煮沸，然后放入鸡蛋、百合、桂圆肉、陈皮，改用中火继续煲 90 分钟，加入精盐即成。

【用　法】 佐餐，随量食用。

【功　效】 美体丰乳，滋阴生津，益气养血。

23. 冰糖蛤士蟆油

【原　料】 干蛤士蟆油 45 克，熟青豆 15 克，葱段、姜片、枸杞子、冰糖、甜酒汁各适量。

【制　作】 将干蛤士蟆油洗净，盛入瓦煲里，加清水 500 毫升、甜酒汁，葱段、姜片，蒸 2 小时，使其初步涨发，取出，去掉葱段、姜片，沥尽水，撕去蛤士蟆油上面的黑色筋膜，大的先掰成数块，再洗 1 次，盛入钵内，加清水，甜酒汁，蒸 2 小时，使其完全涨发，捞入大汤碗中；枸杞子洗净；清水、冰糖放入大碗内，蒸至冰糖溶化时，倒入盛蛤士蟆油的大汤碗内，撒入枸杞子、熟青豆即成。

【用　法】 佐餐，随量食用。

【功　效】 美体丰乳，滋阴生津，益气养血。

24. 枸杞海参鸽蛋

【原　料】 净海参 2 只，枸杞子 15 克，鸽蛋 12 个，精盐、味

精、葱、生姜、黄酒、淀粉、酱油、胡椒粉、植物油、猪油各适量。

【制　作】 将净海参用刀尖在腹壁切成棱形花刀;枸杞子洗净;鸽蛋用凉水下锅,小火煮熟后去壳,滚上干淀粉,放入植物油锅内,炸成金黄色捞出。炒锅上火,放入猪油,八成热,下葱、生姜煸炒,随后倒入鸡汤,煮3分钟,加入海参、酱油、黄酒、胡椒粉,煮沸后撇去浮沫,移小火煨40分钟,然后加入鸽蛋、枸杞子,煨10分钟即成。

【用　法】 佐餐,随量食用。

【功　效】 美体丰乳,滋阴生津,益气养血。

25. 八宝鸽子

【原　料】 净鸽3只,莲子30克,大枣15克,糯米15克,火腿肉30克,鸡脯肉30克,鸭肫30克,香菇30克,冬笋30克,口蘑30克,酱油、黄酒、胡椒粉、精盐、白糖、味精、香油、玉米粉、生姜、植物油、鸡汤各适量。

【制　作】 将鸽子从颈部横切一刀。取出食管,从食管处往下剔骨剥肉,去骨架和内脏,再去翅骨、腿骨,洗净备用;莲子用清水浸泡后去皮及心;大枣洗净,去核;将鸡脯肉、火腿肉、鸭肫、冬笋、口蘑分别洗净,切成小丁,拌入大枣肉、莲子、精盐、黄酒、味精及胡椒粉,分成3份,装入3只剔好骨的鸽子内,将鸽腹用竹签插牢。炒锅上大火,倒入油烧热,下鸽子,炸至金黄色时取出,放入胡椒粉,加鸡汤,上火煮沸,加入酱油、味精、精盐、白糖、黄酒及胡椒粉,用小火焖2小时,待鸽肉熟烂后,取出,整齐地摆在容器中,加原汁,上笼蒸透,取出装盘中,将所剩原汁倒回锅中,煮沸,用玉米粉勾芡,淋入香油,浇在鸽子上即成。

【用　法】 佐餐,随量食用。

【功　效】 美体丰乳,滋阴生津,益气养血。

26. 百合熘鱼片

【原　料】 黑鱼(乌鳢)肉300克,百合50克,精盐、黄酒、味

精、鸡蛋清、湿淀粉、葱花、姜末、熟鸡油、白糖、鲜汤、植物油各适量。

【制　作】 将黑鱼肉片成片，加精盐、黄酒、鸡蛋清、湿淀粉浆匀；百合用清水泡透洗净。炒锅上火烧热，放植物油烧至六成热，下入浆匀的鱼片，滑熟，倒出沥油；锅留底油烧热，下葱花、姜末炒香，倒入百合，加精盐、白糖、黄酒、鲜汤，翻炒均匀，倒入滑熟的鱼片，下味精，勾稀芡，颠翻均匀，淋上熟鸡油，起锅装盘即成。

【用　法】 佐餐，随量食用。

【功　效】 美体丰乳，滋阴生津，益气养血。

27. 参杞鸡腿

【原　料】 白参 5 克，母鸡腿 10 只，枸杞子 20 克，生菜 250 克，鸡汤、精盐、黄酒、酱油、葱段、姜块、湿淀粉、鸡油、植物油、味精、白糖、糖色各适量。

【制　作】 将白参切成薄片，放在白酒内浸泡，制成白参酒液；枸杞子用清水洗净，放入小碗内，上笼蒸熟；将母鸡腿洗净，剁去两端骨节。炒锅上火，放植物油烧热，放入鸡腿，炸呈金黄色时捞出，沥去油；原锅放植物油，下葱段、姜块煸炒，加入黄酒、酱油、鸡汤、精盐、味精、白糖，用糖色把汤调成金黄色，把白参酒液和母鸡腿放入汤内，煮沸，撇去浮沫，用小火煨至鸡腿肉熟烂，盛入盘中；锅中放入熟枸杞子，将汤汁收浓，先淋上调好的湿淀粉成流芡，再淋上鸡油，浇在盘中鸡腿上，生菜洗净镶在盘边即成。

【用　法】 佐餐，随量食用。

【功　效】 美体丰乳，滋阴生津，益气养血。

28. 豉汁蒸排骨

【原　料】 豆豉 50 克、蒜头 25 克，大排骨 200 克，葱段、生姜片、精盐、白糖、酱油、味精、黄酒、淀粉、鲜汤、植物油各适量。

【制　作】 将豆豉、蒜头、生姜洗净后斩成蓉；炒锅上火烧热，放少许植物油，将上 3 蓉放入煸出香味时即成豉汁；大排骨洗净斩

成块，放在盆中，加葱段、姜片、豉汁（10 克）和精盐、白糖、酱油、味精、黄酒、淀粉、鲜汤，拌匀后排在盆中，加上植物油，上笼蒸 15 分钟，出笼即成。

【用　法】 佐餐，随量食用。

【功　效】 美体丰乳，滋阴生津，益气养血。

29. 海带牡蛎鸡蛋

【原　料】 海带 50 克，牡蛎肉 100 克，鸡蛋 2 个，植物油适量。

【制　作】 将海带泡发，洗净，切成细丝，入油锅稍稍煸炒，加入打匀的鸡蛋及牡蛎，一同炒熟即成。

【用　法】 佐餐，随量食用。

【功　效】 美体丰乳，滋阴生津，益气养血。

30. 鸭蛋黄拌豆腐

【原　料】 嫩豆腐 300 克，熟鸭蛋黄 60 克，冬笋、嫩黄瓜、水发口蘑各 20 克，素鲜汤、黄酒、湿淀粉、姜末、香油、精盐、味精各适量。

【制　作】 将嫩豆腐去掉硬皮，切成丁；冬笋、口蘑、嫩黄瓜均切成丁。炒锅上火，放入香油烧热，加入豆腐煎至色黄时下姜末、笋丁、口蘑丁、黄瓜丁炒匀，烹黄酒，加鲜汤、精盐、味精调味；将鸭蛋黄用手捏成碎末，撒入豆腐中拌匀，加湿淀粉勾芡即成。

【用　法】 佐餐，随量食用。

【功　效】 美体丰乳，滋阴生津，益气养血。

31. 鱼虾杂烩

【原　料】 鲫鱼 2 条（约 700 克），鲜虾仁 200 克，猪膘肉 60 克，鸡蛋清、冬笋片、水发黑木耳各 30 克，姜片、葱、黄酒、葱姜汁、精盐、味精、香油、淀粉、香醋、姜末各适量。

【制　作】 将虾仁、猪膘肉一起剁成细泥，放在碗内，加入鸡蛋清、淀粉、精盐、黄酒、葱姜汁搅匀，制成虾蓉；将葱打结；鲫鱼去

鳞、鳃、内脏，刮去腹内黑膜，洗净。炒锅上火，放植物油烧至七成热，投入葱段、姜片稍炸，加入适量清水，放入鲫鱼，烹入黄酒，汤沸后3～5分钟，加盖转小火焖透出香味，再转大火，加香油，炖至汤呈乳白色，投入笋片、黑木耳、虾蓉（挤成丸子），加精盐、味精，调好口味，拣去姜片、葱段，盛在汤碗内即成。

【用　法】 佐餐，随量食用。

【功　效】 美体丰乳，补肾温阳，益气养血。

32. 海鲜什锦

【原　料】 水发海参150克，大虾仁100克，螺肉200克，水发鱿鱼150克，海米30克，水发干贝50克，鲍鱼罐头1/2听，水发鱼肚100克，鱼丸100克，蟹糕60克，白菜250克，水发粉丝300克，精盐、胡椒粉、味精、黄酒、鲜汤各适量。

【制　作】 将剖开虾仁背，剔去沙线；螺肉削去四周表皮及底部，片成大片，用食碱腌渍2小时后用清水冲漂去碱味；白菜洗净；粉丝切成长节；海米淘洗干净；将螺肉片、鲍鱼、干贝、海参、鱿鱼、鱼肚、蟹糕洗净后均切成长宽大致相等的片；将白菜放入砂锅底部，再放上一层粉丝，然后将切成片的各料，以及鱼丸、海米整齐有序地平码在粉丝上（码时力求美观）；炒锅内加入鲜汤、精盐、胡椒粉、味精、黄酒煮沸，调好口味，倒入锅内；将砂锅上火，煮沸，移入一瓷托盘内上桌即成。

【用　法】 佐餐，随量食用。

【功　效】 美体丰乳，补肾温阳，益气养血。

33. 猪脊髓焖油菜心

【原　料】 猪脊髓5条，油菜心10棵，鲜汤、精盐、黄酒、味精、白糖、葱段、姜片、胡椒粉、湿淀粉、鸡油、植物油、葱姜油各适量。

【制　作】 将猪脊髓洗净，放入沸水锅中氽一下，捞出；锅中放鲜汤适量，加入精盐、葱段、姜片和黄酒，将猪脊髓放入汤中，用

大火煮沸，改用小火煨5分钟，捞出晾凉，除去筋皮，轻轻剥出脊髓；将白菜心洗净，放入沸水锅中焯透，捞出控去水，整齐地码在盘中；再将锅上火，放植物油烧热，放入葱、姜煸炒，烹入黄酒，加入剩余的鲜汤、精盐、白糖、胡椒粉，调好口味；将猪脊髓、青菜心放入锅内，汤开后撇去浮沫，用小火煮5分钟后改用大火，淋入湿淀粉适量，顺锅边淋入葱姜油，转动炒锅，待淀粉熟透，淋入鸡油，加入味精，拌匀，将菜心整齐地盛入盘内，再将猪脊髓放在菜心上即成。

【用　法】 佐餐，随量食用。

【功　效】 美体丰乳，滋阴生津，益气养血。

34. 芝麻蛋黄虾仁

【原　料】 大虾仁30个，白芝麻75克，鸡蛋黄2只，面粉、番茄酱各25克，葱椒盐、味精、植物油各适量。

【制　作】 将大虾仁黑筋抽掉，洗净沥干，加在面粉内，用手捏松、拉长，在砧板上搓细，放入盘内；取鸡蛋黄放碗内，加面粉、葱椒盐、味精，搅拌成蛋糊，将虾仁放入滚蘸，再放入芝麻内滚蘸，使芝麻均匀裹住虾仁，搓成段待炸。炒锅上火，放植物油烧至五成热，投入虾仁，炸至芝麻色呈金黄时，用漏勺捞出装盘即成（盘边放番茄酱蘸食）。

【用　法】 佐餐，随量食用。

【功　效】 美体丰乳，补肾温阳，益气养血。

35. 芝麻鱼饼

【原　料】 鱼肉150克，黑芝麻25克，猪肥肉25克，鸡蛋清1个，湿淀粉、黄酒、精盐、味精、植物油各适量。

【制　作】 将鱼肉、猪肥肉剁成馅，加入精盐、味精、黄酒，用鸡蛋清、湿淀粉和匀，再用手挤成丸子，放在黑芝麻上压成饼。炒锅上火，放植物油烧至五成热，放入芝麻鱼饼，炸成金黄色，捞出装盘即成。

【用　法】 当点心，随量食用。

【功　效】 美体丰乳，补肾温阳，益气养血。

36. 参精鹌鹑蛋

【原　料】 鹌鹑蛋10个，党参10克，黄精10克，大枣10枚。

【制　作】 将鹌鹑蛋放入冷水锅中煮沸，捞出放入冷水中，剥去外壳；党参、黄精洗净，一同放入布袋，扎紧袋口。大枣洗净，与药袋一同放入锅内，加适量清水，用大火煮沸后转用小火煎煮45分钟，然后放入剥去外壳的鹌鹑蛋，小火煎煮15分钟即成。

【用　法】 佐餐，随量食用。

【功　效】 美体丰乳，补肾温阳，益气养血。

37. 太子参炖乌鸡

【原　料】 太子参10克，全当归10克，乌骨鸡1只(约500克)，制何首乌15克，葱段、姜片、黄酒、精盐各适量。

【制　作】 将乌骨鸡宰杀后，去毛、肠杂，洗净待用。将太子参、全当归、制何首乌洗净，放入纱布袋中，置砂锅中加水2 000毫升，大火煮沸，小火煎煮30分钟，捞去纱布袋，投入乌骨鸡、葱结、生姜片、黄酒、精盐，加盖焖煮至熟烂即成。

【用　法】 佐餐，随量食用。

【功　效】 美体丰乳，补肾温阳，益气养血。

38. 丁香鸡翅

【原　料】 丁香2克，鸡翅中段750克，青菜丝100克，精盐、白糖、味精、黄酒、大茴香、桂皮、植物油、酱油、葱、生姜、淀粉、鲜汤各适量。

【制　作】 将鸡翅洗净，用精盐、黄酒、味精、大茴香(拍碎)、桂皮、丁香、葱、生姜腌1小时，上笼蒸熟，取出待凉，用酱油上色，放入七成热油锅中炸至金黄色，倒出沥油；锅留底油，下葱、生姜炸出香味，放入鲜汤、酱油、精盐、味精、黄酒和鸡翅，中火烧至鸡翅熟烂，大火收浓汤汁；炒锅上火，下植物油烧至四成热，放入青菜丝炸成菜松；将鸡翅盛放盘中央，菜松围边即成。

【用　法】 佐餐,随量食用。

【功　效】 美体丰乳,补肾温阳,益气养血。

39. 桂皮香酥鸡

【原　料】 光肉鸡1只(约1 000克),桂皮、精盐、味精、黄酒、大茴香、椒盐、植物油、葱花、姜丝各适量。

【制　作】 将光鸡洗净后从中剖开,用精盐、黄酒、葱花、姜丝、味精、桂皮(拍碎)、大茴香(拍碎)腌制2小时后上笼蒸熟取出。炒锅上火,放植物油烧至五成热,放入蒸好的鸡,小火炸酥至金黄色捞出,改刀装盘,随花椒盐碟一同上桌即成。

【用　法】 佐餐,随量食用。

【功　效】 美体丰乳,补肾温阳,益气养血。

40. 汽锅乳鸽

【原　料】 光乳鸽4只,肉桂、精盐、味精、黄酒、鲜汤、白酒、葱、生姜、香油各适量。

【制　作】 将乳鸽汆水去血污,加肉桂、黄酒、白酒浸泡透,上笼蒸30分钟取出;葱、生姜拍松。将乳鸽放入汽锅,加入鲜汤、肉桂及原汁、精盐、黄酒、葱、姜、味精上笼蒸至乳鸽肉熟烂,取出淋上香油即成。

【用　法】 佐餐,随量食用。

【功　效】 美体丰乳,补肾温阳,益气养血。

41. 清蒸白参甲鱼

【原　料】 净甲鱼1只(约750克),白参3克,火腿肉10克,冬笋15克,香菇15克,鸡翅250克,鲜汤、黄酒、香油、姜片、葱段、精盐、味精各适量。

【制　作】 将白参洗净,用刀切成薄片,用白酒浸泡,制成白参白酒液6克,白参片拣出,用于点缀;用刀将甲鱼的软边剁下,剁成6块,放入开水锅中汆一下捞出,用清水冲洗去腥味,控去水;将冬笋、香菇清洗干净,用开水焯一下;火腿肉切成片。将鸡翅洗净,

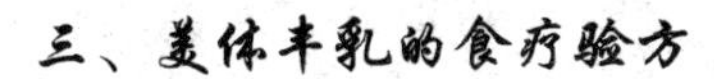

剁成小块。火腿肉片、香菇片、冬笋片码在大碗底层，将甲鱼肉放在中间，甲鱼软边放在周围，放上剩余的火腿肉、冬笋、香菇和鸡翅、葱、生姜、黄酒、精盐、鲜汤及白参酒液，沸水大火，上笼蒸 2 小时，取出甲鱼翻扣大汤碗内，锅汤内拣去葱、生姜、鸡翅，加精盐、生姜水、黄酒、味精，调好味，煮沸后，打去浮沫，滤去渣子，浇入甲鱼碗内，并将白参片放入碗内即成。

【用　法】 佐餐，随量食用。

【功　效】 美体丰乳，补肾温阳，益气养血。

42. 清蒸山药鸭

【原　料】 烤鸭 1 只(约 1 500 克)，山药 300 克，白菜 500 克，葱段、姜片、黄酒、精盐、味精、鲜汤各适量。

【制　作】 将烤鸭剁成块，放在大碗中；白菜洗净；山药刮皮，切成块，用开水烫过，放在鸭块上面；取适量葱段、姜片、黄酒、精盐、味精和鲜汤，加入鸭碗内，上笼用大火蒸透。将炒锅放于大火上，加入原汁、鲜汤、精盐、味精、黄酒，调好味，煮沸后浇在鸭碗内即成。

【用　法】 佐餐，随量食用。

【功　效】 美体丰乳，补肾温阳，益气养血。

43. 核桃杞子鹌鹑蛋

【原　料】 核桃仁 20 克，鹌鹑蛋 10 个，枸杞子 10 克，料酒、葱、姜、酱油、精盐、干豆粉各适量。

【制　作】 将核桃仁用温水泡开，去皮，用油炸熟后碾成末；枸杞子洗净后放入小碗内上笼蒸 10 分钟左右，取出打成泥，与番茄酱混合拌匀成枸杞番茄酱；鹌鹑蛋煮熟去壳，用刀划些小口子，放入碗中，加料酒、精盐、葱段、姜片、酱油腌渍 20 分钟，再撒上干豆粉裹匀，下油锅炸黄捞起，裹上核桃仁末、枸杞番茄酱装盘即成。

【用　法】 佐餐，随量食用。

【功　效】 美体丰乳，补肾温阳，益气养血。

44. 三鲜鸡蛋豆腐

【原　料】 豆腐500克,水发海参20克,虾仁100克,冬笋50克,鸡蛋2个,香菜25克,葱花、姜末、味精、面粉、酱油、香油、植物油、鸡汤、淀粉、精盐各适量。

【制　作】 将海参、冬笋洗净,切成丁,用开水焯过,放在碗中;虾仁洗净切成丁,并用适量蛋清和淀粉、精盐拌好,再用热油滑透;豆腐切成块,用热油炸至金黄色后捞出,从其上面各取一薄片,下面的一片做成盒状;再将海参、冬笋及虾仁加入精盐、味精、姜末、香油拌匀,分别填入豆腐盒中,然后将掺有蛋黄的适量面粉抹在片下的豆腐片上,将豆腐盒盖封好,上笼蒸10分钟取出,滗出汤汁,码入盘中;在锅内加入鸡汤和各种调料,煮沸后加入淀粉勾成薄芡,淋在豆腐上,加入香油,撒上切好的香菜末即成。

【用　法】 佐餐,随量食用。

【功　效】 美体丰乳,益气养血,对抗疲劳。

45. 鸡蛋煨泥鳅

【原　料】 活泥鳅500克,鸡蛋2个,精盐、料酒、葱、姜、胡椒粉、植物油各适量。

【制　作】 将泥鳅放于清水中静养2天,待其吐净泥后捞出洗净;把鸡蛋打入碗中,调以精盐、葱末;锅中加入植物油、料酒、葱、姜、泥鳅和适量清水,用中火煨1小时左右,加入鸡蛋糊,再煮一沸,调入味精、胡椒粉即成。

【用　法】 佐餐,随量食用。

【功　效】 美体丰乳,健脾利水,降低血脂。

46. 六味豆腐

【原　料】 豆腐250克,猪肉150克,牛奶100克,熟花生仁25克,栗子粉50克,鸡蛋2只,香肠50克,豌豆20克,香菇20克,冬笋20克,植物油、精盐、味精、酱油、鲜汤、淀粉各适量。

【制　作】 将豆腐切成小四方块,挂上用栗子粉、蛋清、牛奶

调成的糊，下锅炸成金黄色，取出摆在盘子内；将猪肉和香肠切成片。炒锅上火，烧热后用酱油炝锅，随后放入香肠、猪肉片、豌豆、香菇、冬笋、花生仁，煸炒几下，加上鲜汤、精盐，焖3～4分钟，放味精，用湿淀粉勾芡，浇在炸好的豆腐上即成。

【用　法】 佐餐，随量食用。

【功　效】 美体丰乳，益气养血，润肠通便。

47. 枣泥豆腐

【原　料】 豆腐500克，枣泥100克，鸡蛋1个，植物油、酱油、花椒水、味精、黄酒、白糖、湿淀粉各适量。

【制　作】 将鸡蛋打入碗中，去蛋黄不用，加湿淀粉搅拌成糊；豆腐切成块，挖成槽灌上枣泥，再挂上蛋清淀粉糊，下油锅煎至金黄色取出。炒锅上火，放植物油烧热，用酱油炝锅，放一点水，加白糖、黄酒、花椒水，煮沸后放味精，用湿淀粉勾芡浇在煎好的豆腐上即成。

【用　法】 佐餐，随量食用。

【功　效】 美体丰乳，益气养血，润肠通便。

48. 凤眼豆腐

【原　料】 豆腐200克，鹌鹑蛋2只，鸡蛋1个，面粉、胡椒粉、精盐、味精、五香粉、植物油各适量。

【制　作】 豆腐去掉表面硬皮，捣成蓉，加胡椒粉、精盐、味精、五香粉、鸡蛋液、面粉，搅拌均匀；将鹌鹑蛋煮熟，剥去外壳，再将每个鹌鹑蛋用豆腐蓉包好，放入油锅中，炸成金黄色捞出，从中间一切两半，码在盘中即成。

【用　法】 佐餐，随量食用。

【功　效】 美体丰乳，健脾利水，降低血脂。

49. 海棠豆腐

【原　料】 豆腐250克，水发香菇100克，鸡脯肉30克，鸡蛋、胡萝卜、香菜梗、葱、生姜、精盐、味精、湿淀粉、香油、鲜汤、植物

油各适量。

【制　作】 将豆腐与鸡脯肉分别捣烂，放在一起，加精盐、味精、鸡蛋清和淀粉，拌匀成馅；将发好的香菇洗净去根，放在碗内，加适量葱、生姜、精盐，上锅蒸10分钟左右取出，挤去水，将凹部蘸匀淀粉，再把拌好的馅涂在上面，抹成凸状，在中间插一支香菜梗作蒂，在蒂周围撒一点切碎的胡萝卜粒点缀，然后上锅蒸15分钟左右取出；锅洗净上火，放植物油，加入鲜汤、精盐、味精，煮沸后用湿淀粉勾薄芡，再淋上香油，浇在蒸好的豆腐上即成。

【用　法】 佐餐，随量食用。

【功　效】 美体丰乳，养颜润肤，健脑明目。

50. 四喜豆腐

【原　料】 豆腐200克，猪肉末200克，水发海米10克，蘑菇25克，胡萝卜50克，香菜15克，葱花、姜末、精盐、味精、香油、湿淀粉、植物油、鲜汤、酱油各适量。

【制　作】 将海米剁碎；猪肉末放在碗内，加葱花、姜末、海米、精盐、味精、香油搅拌成肉馅；将蘑菇、胡萝卜切成小丁，用开水焯一下，捞出沥干；香菜洗净切成段。锅内放植物油，烧至七成热，将整块豆腐下锅炸至深红色时捞出，每次炸一块，炸完捞出控净油后，在豆腐厚度的1/3处用小刀横切一面，挖出里面的白豆腐，将肉馅填进去，再按原形盖上，装盘上笼蒸熟；原锅留适量底油，烧至七成热，将蘑菇丁、胡萝卜丁下锅煸炒，加入鲜汤、酱油和精盐，煮沸后用湿淀粉勾芡，再加点味精、香油起锅，浇在豆腐上，撒上香菜段即成。

【用　法】 佐餐，随量食用。

【功　效】 美体丰乳，健脾利水，降低血脂。

51. 洋葱豆腐

【原　料】 豆腐500克，洋葱100克，花椒粉、大回香、桂皮粉、姜丝、白糖、酱油、黄酒、鸡汤、湿淀粉、味精、精盐、植物油各

适量。

【制　作】将豆腐切成骨牌块，用油炸成金黄色。炒锅上火，放植物油烧热，放入洋葱条、大茴香、桂皮粉、姜丝、花椒粉和酱油炝锅，然后将炸好的豆腐及黄酒、鸡汤、白糖入锅内焖一会儿，见汤不多时放入精盐、味精，用湿淀粉勾芡，出锅即成。

【用　法】佐餐，随量食用。

【功　效】美体丰乳，补铁养血，活血散寒。

52. 麻辣豆腐肉末

【原　料】豆腐250克，猪瘦肉50克，辣椒粉、花椒、蒜泥、葱末、姜末、料酒、精盐、胡椒粉各适量。

【制　作】将花椒洗净，晒干后研成细末；豆腐洗净，切块；猪瘦肉洗净，剁成肉泥，拌入蒜泥、姜末、葱末、料酒、精盐。起油锅，加入辣椒粉、花椒末，炸1～2分钟，加肉泥，翻炒至肉将熟时，倒入豆腐块，加清水、精盐，翻炒1～2分钟，沸后，撒入胡椒粉即成。

【用　法】佐餐，随量食用。

【功　效】美体丰乳，补肾温阳，益气养血。

53. 瘦肉猪血豆腐

【原　料】猪血500克，豆腐300克，猪瘦肉100克，胡萝卜100克，豌豆苗30克，蒜苗30克，蒜片、姜片、香油、精盐、味精、胡椒粉各适量。

【制　作】猪血切成块；豆腐漂洗后切成块；猪瘦肉洗净，切成小薄片；胡萝卜洗净，切成块。炒锅上火，放香油烧至五成热，放姜末、大蒜片炸一下，加入鲜汤、胡萝卜、胡椒粉煮沸，再加入猪肉、豆腐、猪血烧至熟透，待汁少时放入精盐、味精、豌豆苗、蒜苗，推匀即成。

【用　法】佐餐，随量食用。

【功　效】美体丰乳，益气养血，润肠通便。

54. 扇贝蒸豆腐

【原　料】 豆腐250克，扇贝（鲜贝）50克，豆豉、大蒜末、植物油、黄酒、淀粉、精盐、味精、白糖各适量。

【制　作】 将豆腐修去皮，切成块，用开水烫一下，浸入盐水中入味；扇贝洗净，沥干水，用精盐、黄酒、味精、干淀粉拌和上浆；豆豉蒸熟后，用刀剁碎，在炒锅中加适量油和大蒜末一起煸香待用；将豆腐块逐一排放在盆中，放上扇贝，再撒上豆豉，入笼内蒸5分钟即可取出；炒锅洗净，加入鲜汤煮沸，加入味精、白糖，用湿淀粉勾成薄芡，浇在豆腐上即成。

【用　法】 佐餐，随量食用。

【功　效】 美体丰乳，补肾温阳，益气养血。

55. 鱼片熘豆腐

【原　料】 豆腐500克，鱼肉150克，鸡蛋1个，鲜汤、植物油、精盐、葱花、姜末、味精、花椒水、黄酒、淀粉各适量。

【制　作】 将豆腐切成小薄片，用开水烫一下；鱼肉切成小薄片，用蛋清拌匀，再用热油滑一下捞出。炒锅上火，放植物油烧热，用葱花、姜末炝锅，加入鲜汤，将花椒水、黄酒、精盐放入锅里，汤开后，将豆腐和鱼一同下锅，用小火煨2～4分钟，放味精，用湿淀粉勾芡即成。

【用　法】 佐餐，随量食用。

【功　效】 美体丰乳，健脾利水，降低血脂。

56. 花生仁豆腐

【原　料】 豆腐300克，炸花生仁100克，湿淀粉、花椒油、植物油、葱花、姜片、胡椒粉、精盐、味精、白糖、鲜汤各适量。

【制　作】 将豆腐放开水锅中煮透，捞出后切成小方丁，放入大碗内，加湿淀粉上浆。炒锅上火，放油烧至五成热，将豆腐丁下锅，炸至金黄色捞出沥油；原锅留底油，放葱花、姜片炝锅，煸出香味后加鲜汤、胡椒粉、精盐、味精、白糖煮沸后，用湿淀粉勾芡，再放

入豆腐、花生仁，快速翻炒，淋入花椒油即成。

【用　法】 佐餐，随量食用。

【功　效】 美体丰乳，健脾利水，降低血脂。

57. 鸳鸯豆腐

【原　料】 豆腐 200 克，猪肉馅 50 克，白菜叶 50 克，海米 50 克，植物油、花椒粉、精盐、酱油、味精、葱花、姜末、鲜汤、湿淀粉各适量。

【制　作】 将豆腐搅碎，加入精盐、花椒粉、海米、酱油、葱花、姜末、味精拌成馅；白菜叶用开水烫一下放入凉水中冷却，然后用半片白菜叶卷上豆腐馅，另一半卷肉馅，摆在抹过油的盘内，上笼蒸熟；锅内放鲜汤、精盐，用湿淀粉勾芡，浇在蒸熟的卷子上即成。

【用　法】 佐餐，随量食用。

【功　效】 美体丰乳，补肾温阳，益气养血。

58. 双虾豆腐

【原　料】 豆腐 150 克，虾仁 5 克，虾子 3 克，鸡蛋清 5 克，植物油、黄酒、精盐、鸡精、白糖、葱花、鲜汤、淀粉各适量。

【制　作】 将虾仁洗净，沥干水，取小碗放入虾仁、鸡蛋清、精盐、味精、白糖拌匀入味，加入淀粉上浆；豆腐切成小块，放入沸水锅中略焯，用漏勺捞出沥水，去掉豆腥味，再入冷水中浸泡待用。炒锅上大火，放油烧至四成热，投入虾仁划散至熟，倒入漏勺中沥油；取原锅放入鲜汤、豆腐、精盐、鸡精，煮沸后用湿淀粉勾芡成羹；先将 2/3 的豆腐羹盛入汤盆，锅内留 1/3，再将虾仁、虾子、葱花投入，用勺推匀，淋入香油，盛在豆腐羹上即成。

【用　法】 佐餐，随量食用。

【功　效】 美体丰乳，补肾温阳，益气养血。

59. 海带豆腐

【原　料】 海带 100 克，豆腐 200 克，精盐、姜末、葱花、植物油各适量。

【制　作】 将海带用温水泡发,洗净,切成菱形片;豆腐切成大块,放入锅内加水煮沸,捞出切成小方丁。炒锅加油烧热,放入姜末、葱花煸香,放入豆腐、海带,加适量水,煮沸后改用小火炖,加入精盐,炖约 30 分钟即成。

【用　法】 佐餐,随量食用。

【功　效】 美体丰乳,降脂降压,防癌抗癌。

60. 桂花肘

【原　料】 鲜桂花 10 克,桂花酱 50 克,带皮猪肘 2 个,鸡汤、植物油、猪油、白糖、黄酒、酱油、精盐、葱段、姜片、湿淀粉、糖色各适量。

【制　作】 将鲜桂花择洗干净;猪肘去毛,刮洗干净,在内侧用刀划个口。炒锅上火,放植物油烧至九成热,将猪肘放入油内炸至呈现金黄色,捞出控油;炒锅内留底油烧热,投入葱段、姜片煸炒出香味,烹入黄酒,加进鸡汤、酱油、精盐、白糖、糖色,把猪肘放入锅内,煮沸后把猪肘翻个身,改用微火炖 1 小时左右,再把猪肘翻个身,炖至熟透;将桂花酱用水调匀,倒入锅内,煮 5 分钟左右,待汤汁收浓,盛入盘内,拣出葱、生姜,用调稀的湿淀粉勾成流汁芡,浇在猪肘上,再将鲜桂花撒在上面即成。

【用　法】 佐餐,随量食用。

【功　效】 美体丰乳,降脂降压,防癌抗癌。

61. 参乌黄鳝

【原　料】 西洋参、何首乌各 9 克,黄精 6 克,黄鳝 500 克,姜片、葱段、米酒、精盐、植物油各适量。

【制　作】 将西洋参、何首乌、黄精用 5 碗水熬制成 2 碗,约需 50 分钟,滤出汁水待用。炒锅上火,放植物油烧热,放入姜片、葱段,再放入切成段的黄鳝、精盐,淋入少许米酒,煸炒;然后将炒香的黄鳝段倒入中药汤汁中,炖 30 分钟即成。

【用　法】 佐餐,随量食用。

【功　效】 美体丰乳，降脂降压，防癌抗癌。

62. 豉汁牛蛙

【原　料】 净牛蛙肉150克，豆豉15克，蒜头、植物油、黄酒、精盐、味精、酱油、葱花、姜丝、淀粉、白糖各适量。

【制　作】 将牛蛙斩成块，洗净，沥干，放入盛器；将蒜头、豆豉合在一起用刀背捣成泥。炒锅上火，放植物油烧热，放入蒜和豆豉泥，煸炒至散出香味为止，不要炒焦，取出放入盛器内，加上淀粉、味精、精盐、白糖、酱油、黄酒和牛蛙拌匀，摊平放在盆中，然后放入蒸笼，用大火蒸15分钟左右，撒上葱花、姜丝即成。

【用　法】 佐餐，随量食用。

【功　效】 美体丰乳，降脂降压，防癌抗癌。

63. 枸杞滑熘里脊片

【原　料】 猪里脊肉250克，枸杞子50克，葱花、姜片、蒜蓉、黄酒、醋、植物油、鸡蛋清、湿淀粉、精盐各适量。

【制　作】 将枸杞子洗净，分为两份，一份用小火煎煮取药汁，反复煎煮两次，将两次取得药汁合在一起，用小火煎熬，收成浓汁；另一份枸杞子放入碗内，上笼蒸20分钟后备用。将里脊肉洗净，切成片，放入碗中，加入鸡蛋清、湿淀粉，拌匀。炒锅上火，放植物油烧至七成热，下入拌好的里脊肉片，略炸后捞出，控尽油；取碗1只，放入枸杞子汁、精盐、醋、黄酒、湿淀粉，调成芡汁；炒锅上火，放入少许植物油，投入葱花、姜末、蒜蓉，下入里脊肉片，倒入芡汁，炒匀即成。

【用　法】 佐餐，随量食用。

【功　效】 美体丰乳，降脂降压，防癌抗癌。

64. 香椿豆腐煲

【原　料】 咸香椿100克，嫩豆腐400克，酱油、精盐、葱花、姜末、白糖、味精、黄酒、鲜汤、湿淀粉、香油、植物油各适量。

【制　作】 将豆腐切成块，排放在盆中，撒上精盐、味精备用；

咸香椿洗净盐分，切去老根，切成末。炒锅上火，放植物油烧至五成热，推入豆腐，煎至两面金黄，倒入漏勺沥油；原锅留少许余油，下葱花、姜末煸一下，放入鲜汤、精盐、酱油、黄酒、味精和煎好的豆腐，煮沸后转小火焖3分钟，撒上香椿末，改大火收浓汤汁，淋湿淀粉勾成薄芡，倒入放在火上并放有底油的热煲中，淋上香油，加盖煮沸，垫衬盘上桌即成。

【用　法】 佐餐，随量食用。

【功　效】 美体丰乳，降脂降压，防癌抗癌。

65. 松子腐皮卷

【原　料】 松子仁150克，豆腐皮3张，山药泥150克，姜汁、精盐、味精、白糖、香油、植物油各适量。

【制　作】 将松子仁放入热油中稍炸，捞出剥去外皮；将豆腐皮洗净，顺长切成两半，放入盘内，装入蒸笼稍蒸。炒锅上火，放植物油烧热，投入山药泥、精盐、味精、白糖，加入姜汁稍炒，投入松子仁，放入香油炒匀即成松子山药泥，出锅装入盘中；将豆腐皮铺平，抹不松子山药泥，卷成豆腐皮卷；另炒锅上火，先放入适量清水，上放箅子，再放上豆腐皮卷，盖好盖，用大火煮至冒出大气时，把锅离火，焖几分钟后，揭开盖，取出豆腐皮卷，切成段，码入盘内即成。

【用　法】 佐餐，随量食用。

【功　效】 美体丰乳，降脂降压，防癌抗癌。

66. 山楂排骨

【原　料】 排骨400克，山楂酱50克，白糖、精盐、植物油、黄酒、卤水、鲜汤各适量。

【制　作】 将排骨剁成小段，加卤水适量略腌。炒锅上火，放植物油，烧至八成热，放入排骨，炸至金黄色，捞起沥油；锅留底油，放入山楂酱略炸，加入鲜汤、白糖、黄酒、精盐、排骨、大火煮沸，移至小火，待汁浓稠时，移至大火收汁，晾凉装盘即成。

【用　法】 佐餐，随量食用。

【功　效】 美体丰乳，降脂降压，防癌抗癌。

67. 松仁香菇

【原　料】 水发香菇50克，松子仁20克，精盐、味精、黄酒、白糖、植物油、葱花、姜末、鲜汤各适量。

【制　作】 将水发香菇剪去蒂，洗净。炒锅上火，放植物油，先将松仁炸至金黄色捞出，再将水发香菇滑油，捞起沥油；锅留底油，下葱花、姜末炸出香味，先放入鲜汤，捞出葱、姜，再放入香菇及调料，在小火上烧至汁浓时，下入松仁，去火收汁，出锅装盘即成。

【用　法】 佐餐，随量食用。

【功　效】 美体丰乳，降脂降压，防癌抗癌。

68. 酸梅肉排

【原　料】 酸梅50克，肉排400克，红辣椒1个，葱花、大蒜、生姜蓉、酱油、白糖、淀粉、精盐、甜面酱、味精、植物油各适量。

【制　作】 将酸梅洗净后去核；蒜瓣去皮后用刀背拍碎；红辣椒去子洗净，切成丝待用。肉排洗净，剁成寸块，放入盆内，加入酸梅、碎蒜、姜蓉、酱油、白糖、淀粉、甜面酱、精盐、味精，用筷拌匀稍腌；取碟1只，放油、肉排，上笼蒸熟后取出，撒上红辣椒丝、葱花即成。

【用　法】 佐餐，随量食用。

【功　效】 美体丰乳，降脂降压，防癌抗癌。

69. 酱爆鸭丁

【原　料】 鸭肉150克，核桃仁100克，甜面酱、白糖、黄酒、鸡蛋、湿淀粉、植物油各适量。

【制　作】 将鸭肉洗净，切成丁，用鸡蛋、湿淀粉抓匀。炒锅上大火，放植物油烧至五成热，下核桃仁炸成深黄色，待油七成热时放入鸭丁，滑透后捞出控油；炒锅再上火，留底油少许，下甜面酱、白糖、黄酒，用手勺不停地推炒，待炒出香味时下鸭丁和核桃仁，颠裹均匀后加味精适量，起锅装盘即成。

【用　法】 佐餐，随量食用。

【功　效】 美体丰乳，降脂降压，防癌抗癌。

70. 美味豆腐

【原　料】 豆腐500克，香菇、冬笋、火腿肉、熟鸡肉各50克，花菜100克，虾子1克，口蘑、豌豆苗、葱、生姜、鲜汤、鸡油、熟猪油、精盐、味精、黄酒各适量。

【制　作】 将豆腐上笼蒸15分钟，取下凉后切成条，入沸水锅中焯一下，捞出过凉改切成小块；豌豆苗择洗干净；虾子放入碗中用水浸泡2分钟，洗净泥沙；冬笋、火腿肉切成排骨片；口蘑切成薄片；香菇冲洗干净；熟鸡肉切成斜刀片；将以上各料放入开水锅中焯一下捞出。炒锅上火，加植物油烧热，下葱段、姜片、虾子，煸炒出香后加入鲜汤，锅开后捞出葱、生姜不用，再加入香菇、冬笋、火腿肉、口蘑、熟鸡肉片、花菜、黄酒、精盐，将锅煮沸，下入豆腐条略煮一下，起锅倒入另一锅内，加盖炖至入味，转微火炖15分钟后加入味精，调好口味，撒上豌豆苗，淋上鸡油即成。

【用　法】 佐餐，随量食用。

【功　效】 美体丰乳，降脂降压，防癌抗癌。

71. 扁豆烧豆腐

【原　料】 豆腐500克，扁豆荚100克，精盐、味精、葱花、姜末、鲜汤、湿淀粉、香油、植物油各适量。

【制　作】 将扁豆荚洗净，摘去筋，从中间切一刀，放入沸水锅中焯透捞出，沥干水。炒锅上火，放植物油烧热，下豆腐块煎至两面金黄时出锅；锅内留适量底油，放葱花、姜末煸香，加入精盐、鲜汤煮沸，下豆腐、扁豆荚，烧至入味，用湿淀粉勾芡，淋上香油，出锅装盘即成。

【用　法】 佐餐，随量食用。

【功　效】 美体丰乳，健脾利水，降低血脂。

72. 甲鱼腐竹煲

【原　料】 甲鱼1只(约500克),腐竹50克,川贝母10克,葱、姜、花椒、精盐、味精、酱油、黄酒、香油各适量。

【制　作】 将甲鱼宰杀,洗净,斩成块;腐竹用温水浸泡1小时,过清水洗净,取刀切段;川贝母、花椒用清水洗干净。将煮锅置于大火上,把全部用料一起放入,加适量清水,用大火煮沸,掀盖,加入香油、黄酒、姜片、精盐、酱油,盖好盖,改用小火煲2小时,煮至甲鱼的甲壳上硬皮脱落,放入花椒、葱段、味精调味即成。

【用　法】 佐餐,随量食用。

【功　效】 美体丰乳,滋阴生津,益气养血。

73. 素海参

【原　料】 鲜蘑菇150克,黑芝麻100克,湿淀粉、素鲜汤、葱段、姜丝、花椒、胡椒粉、精盐、味精、植物油、香油各适量。

【制　作】 将黑芝麻研碎、放在锅中加素鲜汤煮沸,捞出渣;将淀粉加适量清水调和,慢慢倒入有芝麻的锅中,快速搅匀,待成凉粉时(已成棕色),倒入用黑芝麻渣铺底的盘子上,使之自然冷却成棕色晶体状,即是素海参;将素海参用刀切成海参片。炒锅上火,放植物油50克,烧热后将花椒、葱段、姜丝放入油中炸出香味后,用漏勺捞出不用;在锅内放素鲜汤,加精盐、素海参、蘑菇煮沸,加胡椒粉、味精入味后,用湿淀粉勾芡,淋上香油即成。

【用　法】 佐餐,随量食用。

【功　效】 美体丰乳,滋阴生津,益气养血。

74. 口蘑烩牛脊髓

【原　料】 熟黄牛脊髓150克,水发口蘑100克,味精、淀粉、香油、酱油、黄酒、鲜汤、浸口蘑汤、精盐各适量。

【制　作】 将口蘑拣洗干净,切成片;熟黄牛脊髓切成段;再将口蘑片、牛脊髓段分别放入开水锅中焯透,捞出沥去水。将汤锅置于火上,加入鲜汤、浸口蘑汤、味精、黄酒、酱油、精盐、牛脊髓段、

口蘑片，待汤煮沸时，撇去浮沫，用淀粉勾成流芡，淋上香油，出锅盛入碗中即成。

【用　法】 佐餐，随量食用。

【功　效】 健胸丰乳，补肾益精，养颜护肤。

75. 核桃煲瘦肉

【原　料】 核桃、杜仲各 15 克，猪瘦肉 300 克，精盐、酱油、猪油、味精各适量。

【制　作】 将杜仲煎汁；核桃切细；猪瘦肉洗净，切片，放入锅内，加入杜仲汁、核桃及适量清水，小火煨炖 2 小时，加入精盐、酱油、味精拌匀，炖至肉熟烂即成。

【用　法】 佐餐，随量食用。

【功　效】 健胸丰乳，补肾益阴，养颜护肤。

76. 杏干猪肉

【原　料】 猪里脊肉 500 克，杏干 50 克，植物油、红糊粉、白糖、香油、黄酒、精盐、姜片各适量。

【制　作】 将猪脊肉切成圆片，洗净去血水，挤净水，用黄酒、精盐拌匀。炒锅上火放植物油至七成热时把肉片分散在油中炸去水分（不要太干），捞出控净油；杏干用开水洗净泡软；炒锅上火，放植物油烧热，下姜片煸出香味，把杏干和泡杏干的水同时放入锅中，放入白糖、红糊粉和少许精盐，把炸好的肉片入锅用微火焖软烂入味，上色，用大火浓缩汁水，淋上少许香油即成。

【用　法】 佐餐，随量食用。

【功　效】 健胸丰乳，补肾益阴，养颜护肤。

77. 山药杞枣炖牛肉

【原　料】 牛肉 250 克，山药 10 克，枸杞子 20 克，桂圆 10 克，精盐、黄酒、味精、葱段、姜片、植物油各适量。

【制　作】 将山药、枸杞子、桂圆肉洗净，放入炖盅内；将牛肉放入沸水锅中氽一下捞出，洗净，切成片。炒锅上火，放植物油烧

热，倒入牛肉片爆炒，烹入黄酒，炒匀后放入炖盅内，隔水炖 2 小时，至牛肉软烂时取出，拣去葱、生姜，放入精盐、味精即成。

【用　法】 佐餐，随量食用。

【功　效】 健胸丰乳，补肾益阴，养颜护肤。

78. 猪肉皮烧白菜

【原　料】 大白菜 250 克，水发香菇 30 克，胡萝卜 100 克，猪瘦肉 50 克，油发猪肉皮 250 克，味精、香油、姜丝、葱花、精盐各适量。

【制　作】 将白菜、胡萝卜、香菇分别切成条。炒锅放植物油烧热后，先倒入白菜煸炒透，加水适量煮沸；再将猪瘦肉、油发猪肉皮分别切成条，和胡萝卜、香菇条一起放入锅内，加姜丝、葱花、精盐等煮至入味，再入味精，勾上芡，淋上香油即成。

【用　法】 佐餐，随量食用。

【功　效】 美体丰乳，滋阴生津，益气养血。

79. 八宝全鸭

【原　料】 净鸭 1 只（约 2 500 克），粳米 150 克，水发香菇 15 克，核桃仁 10 克，桂圆肉 10 克，莲子 15 克，竹笋 15 克，熟火腿肉 30 克，虾仁 30 克，精盐、味精、料酒、葱段、姜片、酱油各适量。

【制　作】 将鸭除去内脏，洗净，放入热水锅中氽一下，捞出后凉水洗净；粳米淘洗干净；莲子泡软，去皮和心，分成两片；香菇、竹笋、火腿肉切成丁。取一大碗，放入粳米、香菇、核桃仁、桂圆肉、莲子、竹笋、火腿肉丁和虾仁，加水上笼用大火蒸熟，制成八宝粳米饭；用一铝锅放入半锅水，上火煮沸，鸭子下锅，加葱段、姜片、酱油，再度煮沸时，改用小火煨炖，至鸭肉将熟时捞出，捞出原汤内的调料，撇去油沫，过箩备用；待鸭凉后，从脊骨处脱骨，脯朝下码放在一个大碗内，碎鸭肉铺放上边，最后将八宝粳米饭摊在上面，上笼用大火蒸透，合在一搪瓷盆内；炒锅上火，倒入煮鸭的原汤，加料酒、精盐、味精，煮沸后浇在鸭身上即成。

【用　法】 佐餐，随量食用。

【功　效】 美体丰乳，滋阴生津，益气养血。

80. 龙眼纸包鸡

【原　料】 桂圆肉 20 克，核桃仁 1 000 克，嫩鸡肉 400 克，鸡蛋 2 个，火腿肉 20 克，精盐、白糖、味精、淀粉、香油、姜末、葱末、胡椒粉、植物油各适量，玻璃纸数张。

【制　作】 将核桃仁用沸水泡后去皮，再下油锅炸熟，切成细粒；桂圆肉用温水洗净，切成粒；将鸡肉洗净，去皮，片成片，用精盐、白糖、味精、胡椒粉调拌腌渍；淀粉加清水调湿，与鸡蛋清一起调成蛋糊；火腿肉切成小片；取玻璃纸放在案板上，将腌渍后的鸡肉片放入蛋糊内上浆，然后摆在纸上，加上少许姜末、葱末和一片火腿肉，每张加 10 克核桃仁粒和 2 克桂圆肉，然后摺成长方形的纸包。炒锅置火上，倒入植物油，烧至六成热时，把包好的鸡肉下锅炸熟，捞出沥干油，装盘即成。

【用　法】 佐餐，随量食用。

【功　效】 健胸丰乳，双补气血，强身健体。

81. 菊花煲鸡丝

【原　料】 菊花 30 克，鸡脯肉 300 克，火腿肉丝 25 克，鸡蛋清、湿淀粉、植物油、黄酒、精盐、味精、香油各适量。

【制　作】 将菊花洗净，选出外形完整的花瓣 10 克，用温开水稍泡片刻，捞出备用；余下的菊花放入锅内，加水浓煎 20 分钟，过滤取菊花汁浓缩至 50 克；将鸡脯肉除去白筋，洗净后，切成细丝，用鸡蛋清、湿淀粉调成糊抓匀上浆。炒锅上火，放植物油烧至六成热，放入鸡脯丝、火腿肉丝划开，加黄酒后翻炒片刻，加适量水，倒入菊花汁，改用小火同煲 30 分钟，待鸡丝、火腿肉丝熟烂时，加菊花瓣、精盐、味精、香油，拌和均匀即成。

【用　法】 佐餐，随量食用。

【功　效】 健胸丰乳，双补气血，强身健体。

82. 鲜奶哈士蟆油

【原　料】 哈士蟆油5克，鲜牛奶500毫升，枸杞子5克，白糖适量。

【制　作】 将哈干蟆油用清水浸泡5个小时，洗净后放入开水煮5分钟捞出；然后将牛奶、哈士蟆油一起煮开，放入适量的白糖和枸杞子，稍煮即成。

【用　法】 佐餐，随量食用。

【功　效】 健胸丰乳，双补气血，强身健体。

83. 桂圆肉饼

【原　料】 桂圆肉100克，里脊肉200克，春笋100克，植物油、精盐、黄酒、味精、白糖、湿淀粉、鲜汤各适量。

【制　作】 将桂圆肉、里脊肉分别洗净；桂圆肉、里脊肉、春笋合剁成糜，加入味精、湿淀粉调匀，做成大小均匀的薄饼，即成桂圆肉饼生坯。炒锅上火，下植物油烧热，放入桂圆肉饼，炸至呈金黄色时捞出沥油；原锅上火，留少许底油烧热，放入鲜汤、味精、黄酒、白糖、精盐煮沸，再放入桂圆肉饼煮沸，用湿淀粉勾芡即成。

【用　法】 佐餐，随量食用。

【功　效】 健胸丰乳，双补气血，强身健体。

84. 枸杞鸡卷

【原　料】 净松子仁100克，净枸杞子50克，净母鸡1只(约750克)，葱段、姜片、精盐、黄酒、卤汁、香油、植物油各适量。

【制　作】 将炒锅上火，放植物油烧至七成热，放入松子仁，炸至浅黄色时捞出，沥尽油待用；将鸡肉放入盆中，加入精盐、黄酒、葱段、姜片，腌制3小时，取出腌好的鸡肉，鸡皮朝下展平，把枸杞子、松子仁混匀，平摊在鸡肉上，卷成筒状，再包卷两层纱布，用线缠紧。炒锅上火，加入卤汁，用大火煮沸，放入卷好的鸡肉卷，用大火煮40分钟捞出，凉后解除缠的线、纱布，刷上香油，横断切成圆片，摆入盘中即成。

【用　法】 佐餐，随量食用。

【功　效】 健胸丰乳，双补气血，强身健体。

85. 桂圆葡萄纸包鸡

【原　料】 桂圆肉10克，葡萄干10克，核桃仁50克，大鹌鹑胸脯肉100克，鸡蛋2个，火腿肉片15克，姜末、葱花、精盐、白糖、胡椒粉、味精、湿淀粉、葡萄酒、植物油、香油各适量，玻璃纸数张。

【制　作】 将葡萄干和桂圆肉切成碎末；将核桃仁用开水泡后去皮衣，晾干，入油锅炸熟后取出，捣成碎粒；将精盐、白糖、味精、胡椒粉、葡萄酒、香油倒在一起，用力搅打成调料汁；鸡蛋取用蛋清，把蛋清与湿淀粉混在一起用力搅打1～2分钟，成鸡蛋淀粉糊备用。先将鹌鹑肉切成薄片放入调好的调料汁中浸渍一会儿；再把鹌鹑肉放入蛋清淀粉糊中挂浆；然后摊在玻璃纸上，每片上面加胡椒粉、姜末、葱花和一片火腿肉与碎核桃仁粒、葡萄干碎末、桂圆肉碎末，上面再盖一片挂上浆的鹌鹑肉；最后用玻璃纸把其包摺成长方形的纸包。炒锅上火，放植物油烧至六成热，改用中火，把包好的鹌鹑肉下锅炸熟，捞出，装盘即成。

【用　法】 佐餐，随量食用。

【功　效】 健胸丰乳，双补气血，强身健体。

86. 五圆全鸡

【原　料】 净母鸡1只(约2 000克)，桂圆肉、荔枝肉、大枣、莲子、枸杞子各15克，冰糖、精盐、料酒、胡椒粉、葱、姜各适量。

【制　作】 将净鸡腹部朝上放于碗中，把桂圆肉、荔枝肉、大枣、莲子、枸杞子放于碗的四周，再加上冰糖、精盐、料酒、葱、姜及少许清水，上笼蒸2小时，取出调好味，撒上胡椒粉即成。

【用　法】 佐餐，随量食用。

【功　效】 健胸丰乳，双补气血，强身健体。

87. 栗子炖猪蹄

【原　料】 栗子500克，猪蹄2只，黄酒、精盐、酱油、白糖、姜

汁各适量。

【制　作】 将板栗用开水煮熟后去壳去皮；猪蹄去毛洗净，放入沸水锅中汆去血水，捞出洗净，用刀划口，放入锅内，加栗子、清水适量，用大火煮沸后转用小火炖至七成熟，加入黄酒、精盐、酱油、白糖、姜汁适量，再炖至熟烂即成。

【用　法】 佐餐，随量食用。

【功　效】 美体丰乳，益气养血，对抗疲劳。

88. 冰糖蹄膀

【原　料】 净猪前蹄膀1只，豌豆苗150克，枸杞子15克，葱段、姜片、黄酒、酱油、冰糖、植物油各适量。

【制　作】 在锅内放竹垫，再放净蹄膀，皮朝下，加枸杞子、葱段、姜片、黄酒和适量水，大火煮沸后撇去浮沫，将一只盘子扣住蹄膀，盖上锅盖，先用小火焖至八成熟时，加酱油、冰糖焖至熟烂，再用大火收稠汤汁，取出蹄膀，皮朝下入盘。炒锅放油少许，油热放入洗净的豌豆苗煸炒，加入调料，待色呈碧绿时取出，围在猪蹄膀周围即成。

【用　法】 佐餐，随量食用。

【功　效】 美体丰乳，益气养血，对抗疲劳。

89. 虫草山药牛骨髓

【原　料】 牛骨髓150克，冬虫夏草2根，山药10克，姜片、葱段、黄酒、胡椒粉、精盐、味精各适量。

【制　作】 将牛骨髓洗净，放入碗中，上笼蒸熟；将冬虫夏草、山药洗净，与牛骨髓、黄酒、葱段、姜片一同放入瓦煲内，加适量清水，隔水炖熟，加入胡椒粉、精盐、味精调味即成。

【用　法】 佐餐，随量食用。

【功　效】 健胸丰乳，补肾益阴，养颜护肤。

90. 蚝油牛筋煲

【原　料】 蚝油30克，牛筋300克，洋葱50克，葱段、姜块、

黄酒、白糖、味精、酱油、湿淀粉、葱油、鲜汤各适量。

【制　作】 将牛筋洗净，放入沸水锅中汆一下，取出放入冷水锅中，加生姜块（拍碎）、葱段、黄酒，在大火上煮沸，转小火焖煮1小时左右，煮至发软捞出，换冷水，加盖煮熟烂后备用；炒锅上火，加入植物油烧热，投入葱姜炸出香味，放入鲜汤，捞出葱、姜后，放入煮熟的牛筋、黄酒、酱油、蚝油、白糖、味精，用大火煮沸，转小火焖煮至卤汁稠浓，改大火，淋湿淀粉勾成流芡；锅加底油上火烧热，下洋葱爆香，把牛筋连汤倒入，淋入葱油，上盖加热2分钟即成。

【用　法】 佐餐，随量食用。

【功　效】 健胸丰乳，补肾益阴，养颜护肤。

91. 烩猪皮

【原　料】 猪肉皮500克，黑木耳20克，竹笋20克，熟火腿肉15克，青菜心4棵，植物油、葱段、姜片、鲜汤、精盐、黄酒、味精、湿淀粉、香油各适量。

【制　作】 将涨发好的肉皮洗净，斜刀片成菱形片；黑木耳用温水泡发后洗净，摘成片；竹笋和熟火腿肉切成片。炒锅上火，放植物油烧热，下葱段、姜片炸出香味，放入火腿肉片煸炒几下，再加入鲜汤，然后放入肉皮、黑木耳、竹笋煮沸3分钟，加入适量的精盐、黄酒、味精和用水烫过的青菜心，用湿淀粉勾芡，淋上香油，起锅即成。

【用　法】 佐餐，随量食用。

【功　效】 健胸丰乳，双补气血，强身健体。

（九）美体丰乳菜汤验方

1. 海参奶汤

【原　料】 水发海参400克，鸡肉蓉100克，熟火腿肉30克，冬笋25克，油菜心35克，鸡蛋清1个，奶汤、清汤、熟猪油、精盐、味精、料酒、葱姜汁、湿淀粉、鸡油各适量。

【制　作】 将海参顺长斜片成长片，入汤锅中煨至入味，捞出备用；鸡肉蓉放入大碗中，加入精盐、味精、料酒、葱姜汁、鸡蛋清和少许清汤搅匀；熟火腿肉、冬笋分别切成长方片，同油菜心一起入沸水锅中略烫后，捞出。取一大碗，先将海参摆入碗底，再摆一层鸡肉蓉，如此反复将海参、鸡蓉摆完，加清汤、精盐后入笼蒸熟，取出翻扣入汤盆内；炒锅置大火上，加入熟猪油烧至五成热，依次加入葱姜汁、料酒、精盐、味精、熟火腿肉、冬笋、油菜心、清汤、奶汤，至汤沸后，撇去汤面浮沫，用湿淀粉勾芡，淋入鸡油搅匀，起锅倒入海参汤盆内即成。

【用　法】 佐餐，随量食用。

【功　效】 美体丰乳，补肾温阳，益气养血。

2. 鲢鱼奶汤

【原　料】 活鲢鱼1条(约1500克)，鲜奶200克，冬菇4朵，猪油、冬笋丝、葱段、精盐、姜片、味精、香菜、胡椒粉、火腿肉丝、料酒各适量。

【制　作】 将活鱼收拾干净，去内脏，去鳞、鳃，净肉用刀在肉厚处切两刀，放入油锅中煎至两面稍黄。鱼锅中放入清水，用大火煮沸，放入葱段、姜片、料酒，改用小火煮20分钟至汤色乳白，加入火腿肉丝、冬菇丝、冬笋丝，再加入鲜奶煮沸片刻，最后加入精盐、味精、胡椒粉及香菜末即成。

【用　法】 佐餐，随量食用。

【功　效】 美体丰乳，健脾利水，降低血脂。

3. 泥鳅虾肉汤

【原　料】 泥鳅250克，生虾肉150克。

【制　作】 将泥鳅放入清水中静养2天，待其吐尽泥沙，宰杀去除内脏，洗净，切成片，与生虾肉一起入水锅中，用大火煮沸，改用小火熬煮至肉熟，按个人喜好调味即成。

【用　法】 佐餐，随量食用。

【功　效】 美体丰乳，补肾温阳，益气养血。

4. 牛蹄筋汤

【原　料】 牛蹄筋 50 克，当归 50 克，葱、姜、精盐、味精各适量。

【制　作】 将牛蹄筋剔去杂肉，洗净，和洗净切片的当归一同放入锅内，放上葱、姜，注入适量清水，大火煮沸，改用小火煨炖至蹄筋熟烂，拣出当归、葱、姜不用，加入精盐、味精调味即成。

【用　法】 佐餐，随量食用。

【功　效】 健胸丰乳，双补气血，强身健体。

5. 鳝鱼蹄筋汤

【原　料】 鳝鱼 500 克，牛蹄筋 50 克，党参 15 克，当归 15 克，细葱、生姜、味精、精盐各适量。

【制　作】 将鳝鱼除去内脏，剁去头，切成段；牛蹄筋用温水泡发；党参、当归洗净后切片，用纱布袋装好；葱、姜洗净，切碎。鳝鱼、牛蹄筋、药袋同入锅内；加适量水，先以大火煮沸，后用小火慢炖至鱼熟筋烂时，除去药袋，加入葱、姜、味精、精盐即成。

【用　法】 佐餐，随量食用。

【功　效】 健胸丰乳，双补气血，强身健体。

6. 菜豆猪皮汤

【原　料】 干品菜豆 150 克，猪皮 200 克，精盐、香油各适量。

【制　作】 将菜豆洗净，用清水浸泡 1 小时；猪皮洗净去毛，用开水汆一下，切成短条。浸泡好的菜豆、猪皮放入锅内，加水适量，大火煮沸后用小火炖至菜豆、猪皮熟烂时，再加入精盐调味，淋上香油即。

【用　法】 佐餐，随量食用。

【功　效】 美体丰乳，健脾利水，降低血脂。

7. 黄豆排骨汤

【原　料】 黄豆 250 克，猪排骨 500 克，精盐、黄酒、葱白、植

物油各适量。

【制　作】 将黄豆去杂洗净，在水中浸泡 1 小时，沥干备用；猪排骨洗净切成小块。炒锅上火，放植物油烧热，先放入葱白，再倒入排骨，翻炒 5 分钟后加黄酒和精盐各适量，焖烧 10 分钟，至出香味时盛入大锅内，再加入黄豆和清水适量，先用大火煮沸，加入黄酒，然后改用小火慢煨 2 小时，至黄豆、排骨均已熟烂，离火即成。

【用　法】 佐餐，随量食用。

【功　效】 健胸丰乳，补肾益阴，养颜护肤。

8. 黑豆大枣猪尾汤

【原　料】 黑豆 200 克，大枣 10 个，猪尾 1 条，陈皮 1 块，精盐适量。

【制　作】 将黑豆放入铁锅中干炒至豆衣裂开，再用清水洗净，晾干备用；猪尾去毛洗净切成段，放入沸水中煮 10 分钟捞起；大枣、陈皮分别洗净，大枣去核，备用。取汤锅上火，加清水适量，用大火煮沸，下入黑豆、猪尾、大枣和陈皮，改用中火继续炖约 3 小时，加入精盐调味即成。

【用　法】 佐餐，随量食用。

【功　效】 健胸丰乳，补肾益阴，养颜护肤。

9. 补髓汤

【原　料】 猪骨髓 200 克，甲鱼 1 只，葱、姜、胡椒粉、味精、精盐各适量。

【制　作】 将甲鱼用沸水烫死，揭去甲壳，除去内脏、头、爪，猪脊髓洗净，放入碗中。甲鱼肉、葱、生姜一同入锅，用大火煮沸后转用小火将甲鱼煮至熟烂时，加入猪骨髓一同煮熟，再加入胡椒粉、味精、精盐调味即成。

【用　法】 佐餐，随量食用。

【功　效】 健胸丰乳，滋阴助阳，强身健体。

10. 羊骨核桃汤

【原　料】 羊骨300克，核桃仁50克，精盐、葱、生姜各适量。

【制　作】 将羊骨洗净，与葱、生姜一同放入锅中，加入精盐和清水适量，用大火煮沸后转用小火煎煮2小时，投入洗净的核桃仁，继续用小火炖煮1小时左右即成。

【用　法】 佐餐，随量食用。

【功　效】 健胸丰乳，补肾益阴，养颜护肤。

11. 羊肉虾米汤

【原　料】 羊肉250克，虾米25克，生姜、葱、精盐、胡椒粉各适量。

【制　作】 将羊肉洗净，煮沸，切成薄片，与洗净的虾米一同放入锅内，酌加生姜、葱、精盐、胡椒粉和清水，用大火煮沸后转用小火慢炖至肉熟烂即成。

【用　法】 佐餐，随量食用。

【功　效】 美体丰乳，补肾温阳，益气养血。

12. 桑椹乌骨鸡汤

【原　料】 桑椹30克，乌骨鸡1只(约1500克)，姜、葱、料酒、精盐各适量。

【制　作】 将桑椹洗净，纳入宰杀、去毛、去内脏、洗净的乌骨鸡腹中，并加清水、姜、葱、料酒、精盐等，用大火煮沸，转用小火慢炖1小时，待乌骨鸡肉熟烂时按个人爱好调味即成。

【用　法】 佐餐，随量食用。

【功　效】 美体丰乳，滋阴生津，益气养血。

13. 枸杞海参鸽蛋汤

【原　料】 枸杞子20克，海参2只，鸽蛋12个，鸡汤1大碗，精盐、味精、胡椒粉各适量。

【制　作】 将海参用水泡发，清洗干净；鸽蛋煮熟去壳。将枸杞子、海参、鸡汤共入锅内，加适量水，上火煮沸，加入鸽蛋及精盐、

胡椒粉、味精,稍炖即成。

【用　法】 佐餐,随量食用。

【功　效】 健胸丰乳,补肾益阴,养颜护肤。

14. 虫草鸽肉汤

【原　料】 白鸽 2 只,冬虫夏草 25 克,精盐、味精各适量。

【制　作】 将白鸽去毛,剖腹弃肠杂,洗净,切块,同冬虫夏草放入锅中,加适量水,上火炖熟,撒上精盐、味精调味即成。

【用　法】 佐餐,随量食用。

【功　效】 健胸丰乳,补肾益阴,养颜护肤。

15. 参枣老鸽汤

【原　料】 党参 10 克,枸杞子 10 克,大枣 6 粒,净老鸽 1 只,猪瘦肉 120 克,精盐、味精各适量。

【制　作】 将猪瘦肉洗净,切成块;枸杞子、大枣用清水洗净。将全部原料放入煲内,一同煲约 4 小时,加精盐、味精调味即成。

【用　法】 佐餐,随量食用。

【功　效】 健胸丰乳,补肾益阴,养颜护肤。

16. 鹿茸鸡汤

【原　料】 鹿茸 2 克,鸡翅肉 100 克,香油、精盐各适量。

【制　作】 将鸡翅肉洗净,加 4 杯水,用小火慢煮,水沸后去除泡沫,煎至成清汤;鹿茸加 1 杯水先煎至分量减半,然后倒进鸡汤内再煮片刻,加香油、精盐调味即成。

【用　法】 佐餐,随量食用。

【功　效】 健胸丰乳,补肾益阴,养颜护肤。

17. 养血丰乳汤

【原　料】 乌骨鸡肉 500 克,净鸭肉 500 克,鸡血藤 30 克,狗脊、桑寄生、熟地黄各 20 克,精盐、味精、葱、姜、花椒、料酒、胡椒粉、鲜汤各适量。

【制　作】 将鸡血藤、狗脊、桑寄生、熟地黄用水煎取浓汁,滤

去渣备用;鸡肉、鸭肉入沸水锅中汆一下,捞出切成块。锅置中火上,下垫鸡骨,加入鲜汤煮沸,放入鸡、鸭肉块,加入葱、姜、花椒、料酒,再煮沸后加入上述药汁,改用小火煮至鸡鸭肉熟烂,拣出葱、姜、花椒、鸡骨,加入精盐、味精、胡椒粉调味即成。

【用　法】 佐餐,随量食用。

【功　效】 健胸丰乳,滋阴助阳,强身健体。

18. 兔肉紫菜豆腐汤

【原　料】 兔肉60克,紫菜30克,豆腐50克,精盐、黄酒、淀粉、葱花各适量。

【制　作】 将紫菜撕为小片,洗净后放入小碗中;兔肉洗净,切成薄片,加精盐、黄酒、淀粉共拌匀;豆腐切碎,锅中倒入清水500毫升,加入豆腐和精盐适量,中火煮沸后倒入肉片,煮5分钟,放入葱花,立即起锅,倒入紫菜,搅匀即成。

【用　法】 佐餐,随量食用。

【功　效】 健胸丰乳,清暑解热,润肠通便。

19. 黄豆干贝兔肉汤

【原　料】 黄豆150克,干贝60克,兔肉750克,荸荠50克,香油、精盐各适量。

【制　作】 将黄豆洗净,干贝用清水浸泡至软,兔肉洗净并切块,荸荠去皮后洗净,备用。将黄豆、干贝、荸荠放入锅内,加入清水适量,大火煮沸后放入兔肉,再煮沸后用小火炖约3小时,加香油、精盐调味即成。

【用　法】 佐餐,随量食用。

【功　效】 美体丰乳,益气养血,对抗疲劳。

20. 珍珠汤

【原　料】 面粉250克,水发海参10克,水发玉兰片10克,熟鸡肉10克,油菜25克,火腿肉15克,猪油、葱、黄酒、酱油、精盐、味精、鸡汤各适量。

【制　作】将面粉倒入盆内，用凉水和好，揉成面团，擀成面片，切成小丁，撒上干面粉，过筛去掉干面，放在盘内；将水发海参、玉兰片、鸡肉、火腿肉都切成小片；油菜择洗干净，也切成片。炒锅上火，倒入猪油烧热，用葱花炝锅，放入海参、鸡肉、玉兰片、火腿肉片和油菜煸炒，烹入黄酒和酱油，对入鸡汤煮沸，将面丁倒入锅内，煮至面丁浮起，调入精盐、味精即成。

【用　法】佐餐，随量食用。

【功　效】美体丰乳，滋阴生津，益气养血。

21. 虾仁疙瘩汤

【原　料】面粉 200 克，虾仁 10 克，香菜 25 克，菠菜叶 100 克，鸡蛋清 100 克，味精、精盐、香油、鲜汤各适量。

【制　作】将面粉倒入盆内，用鸡蛋清和成稍硬的面团饧一会儿，揉匀，擀成片，再切成丁，撒上干面粉，搓成小球；虾仁洗净，切碎；香菜择洗干净，切段；菠菜叶洗净，切成段。锅内放入鲜汤、虾仁，煮沸后下入搓好的面疙瘩，煮熟时，调入精盐、味精，放入菠菜段和香菜段，淋入香油，盛入碗内即成。

【用　法】佐餐，随量食用。

【功　效】健胸丰乳，补肾益阴，养颜护肤。

22. 牛奶鸡蛋汤

【原　料】牛奶 50 毫升，鸡蛋 2 个，葱花、精盐、姜末、味精、白糖、猪油、植物油各适量。

【制　作】取碗 1 个，放入葱花、精盐、白糖、姜末、猪油，搅匀制成调料汁；将鸡蛋打入另 1 个碗中，用筷子打散。炒锅上火，放植物油烧热，下入鸡蛋液，炒至结块时，加入开水，用大火煮至汤呈乳白时，加入牛奶和制好的调料汁，煮沸后，盛入汤碗内即成。

【用　法】佐餐，随量食用。

【功　效】健胸丰乳，双补气血，强身健体。

23. 海带牡蛎汤

【原　料】 鲜牡蛎250克,海带50克,黄酒、姜片、鲜汤、精盐、味精、植物油各适量。

【制　作】 将牡蛎洗净,放热水中浸泡至涨发,去杂洗净,放深盘中,将浸泡的水澄清滤至深盘中,和牡蛎一起蒸1小时取出。炒锅上大火,放油烧热,放入姜片爆香,加入鲜汤、精盐、味精、黄酒、倒入牡蛎和汤煮熟,下味精、调味即成。

【用　法】 佐餐,随量食用。

【功　效】 健胸丰乳,补肾益阴,养颜护肤。

24. 三鲜鱿鱼汤

【原　料】 干鱿鱼100克,海米20克,猪瘦肉片100克,鸡骨250克,芽菜35克,猪骨250克,黄豆芽100克,水发玉兰片100克,蘑菇180克,青菜心200克,葱花、精盐、味精、湿淀粉、胡椒粉、香油、碱粉各适量。

【制　作】 将干鱿鱼用温水泡软切成薄片,用碱粉5克腌2小时后,加入80℃～90℃的热水加盖焖发,待鱼体柔软后,滗去原汁;另用碱粉2至3克腌40～50分钟,再用75℃～80℃热水加盖焖发1小时左右,至鱿鱼片肥大、滑嫩、透明时用温水漂去碱味待用。鸡骨、猪骨洗净,入沸水中烫一下;芽菜淘净泥沙,挽结;老姜去皮,拍破;豆芽掐去根须,洗净;海米用温水淘洗一下。将上述各料放入炖锅中加清水淹没,以大火煮沸撇去浮沫,烹黄酒,下胡椒粉,用小火熬汤,待汤汁出味后,先捞去骨头、菜渣,再用纱布把汤过滤一道;另起锅,将滤后的鲜汤倒入,然后下蘑菇、玉兰片、菜心,再将瘦肉片加精盐码味,下湿淀粉抓匀上浆入锅;待肉片变色浮鲜汤面,即放入鱿鱼片、精盐、味精调味,起锅淋香油,撒上葱花即成。

【用　法】 佐餐,随量食用。

【功　效】 健胸丰乳,双补气血,强身健体。

三、美体丰乳的食疗验方

25. 章鱼木瓜汤

【原　料】 章鱼60克，连尾骨的猪尾1条（约750克），番木瓜500克，花生仁100克，大枣10克，精盐适量。

【制　作】 将猪尾刮去毛，割去肥肉，洗净，斩碎；取半生半熟的番木瓜刨去皮，去掉内核，切厚片；章鱼浸发，撕开；大枣去核，花生仁洗净，与猪尾、番木瓜、章鱼一同放入锅内，加水适量，用大火煮沸后转用小火炖3小时，加精盐调味即成。

【用　法】 佐餐，随量食用。

【功　效】 健胸丰乳，双补气血，强身健体。

26. 瘦肉海参汤

【原　料】 水发海参250克，猪瘦肉250克，大枣5个，精盐、味精、香油各适量。

【制　作】 将海参洗净，切丝，猪瘦肉洗净，切丝，大枣（去核）洗净。把全部用料放入炖盅内，加开水适量，炖盅加盖，小火隔水炖2小时，用精盐、味精、香油调味即成。

【用　法】 佐餐，随量食用。

【功　效】 健胸丰乳，滋阴助阳，强身健体。

27. 蛤士蟆油火腿汤

【原　料】 水发蛤士蟆油25克，火腿肉25克，豌豆苗50克，水发香菇25克，鸡蛋1个，黄酒、精盐、味精、鸡汤各适量。

【制　作】 将鸡蛋煮熟剥壳，取蛋白切成片；火腿肉切成片；香菇片成薄片，下开水锅中焯一下捞出；豌豆苗拣洗干净。锅中倒入鸡汤，上火煮沸，放入蛤士蟆油、火腿肉片、香菇片、蛋白片、黄酒、味精，煮沸后撇去浮沫，加入豌豆苗，起锅即成。

【用　法】 佐餐，随量食用。

【功　效】 健胸丰乳，滋阴助阳，强身健体。

28. 蛤士蟆油莲子汤

【原　料】 蛤士蟆油20克，莲子40克，冰糖50克，桂花

适量。

【制　作】 将蛤士蟆油、冰糖,加水小火炖煮1小时,再加入莲子、桂花,炖半小时即成。

【用　法】 佐餐,随量食用。

【功　效】 健胸丰乳,滋阴助阳,强身健体。

29. 鸭肉海参汤

【原　料】 净鸭肉200克,海参50克,精盐、味精各适量。

【制　作】 将净鸭肉切成片;海参用水泡发胀透,洗净,切片,与鸭肉片一同放入锅内,加适量水,用大火煮沸后转用小火炖煮2小时,至鸭肉熟烂,加精盐和味精调味即成。

【用　法】 佐餐,随量食用。

【功　效】 健胸丰乳,滋阴助阳,强身健体。

30. 白术鲈鱼汤

【原　料】 白术30克,鲈鱼500克,陈皮10克,胡椒粉3克,精盐、香油各适量。

【制　作】 将鲈鱼去鳞,剖腹去肠杂,洗净,切块;白术、陈皮洗净,与鲈鱼一同放入锅内,加适量清水,用大火煮沸后转用小火煲2小时,加精盐、香油调味即成。

【用　法】 佐餐,随量食用。

【功　效】 健胸丰乳,滋阴助阳,强身健体。

31. 参杞鹌鹑汤

【原　料】 鹌鹑2只,党参20克,枸杞子10克,大枣15克,精盐、黄酒、生姜片、葱段各适量。

【制　作】 将鹌鹑宰杀去毛、内脏,切成块备用;党参、大枣、枸杞子洗净,与鹌鹑肉、姜片、葱段、精盐一同放入锅内,加适量清水和黄酒,煮沸后,小火煲2小时即成。

【用　法】 佐餐,随量食用。

【功　效】 健胸丰乳,滋阴助阳,强身健体。

32. 泥鳅牡蛎汤

【原　料】 泥鳅100克,牡蛎粉30克,精盐、植物油各适量。

【制　作】 将牡蛎粉用纱布包扎好放入锅内,加适量清水,煮30分钟后滤出汤汁备用;再将泥鳅用热水洗去黏液,剖腹去内脏,用油煎至金黄色,加入先煎好的牡蛎汁一碗,煮汤至半碗,放入精盐调味即成。

【用　法】 佐餐,随量食用。

【功　效】 健胸丰乳,双补气血,强身健体。

33. 泥鳅大枣汤

【原　料】 泥鳅30克,大枣15克,精盐适量。

【制　作】 将泥鳅去肠杂,洗净,与洗净的大枣一同放入锅内,加清水适量,用大火煮沸,再用小火炖至泥鳅熟烂,加精盐调味即成。

【用　法】 佐餐,随量食用。

【功　效】 美体丰乳,健脾利水,降低血脂。

34. 泥鳅山药汤

【原　料】 泥鳅250克,山药50克,大枣10枚,姜片、精盐、味精、植物油各适量。

【制　作】 将泥鳅养在清水盆中,滴几滴植物油,每天换水1次,令泥鳅排尽肠内脏物,一周后取出泥鳅,锅内放植物油适量,烧十成热,加姜片,然后将泥鳅于锅中煎至金黄,加水1 200毫升,放入山药、大枣,先用大火煮沸,再转用小火煎熬30分钟左右,加精盐、味精调味即成。

【用　法】 佐餐,随量食用

【功　效】 美体丰乳,健脾利水,降低血脂。

35. 双耳甲鱼汤

【原　料】 甲鱼1只(约750克),银耳30克,黑木耳30克,精盐、黄酒、葱段、姜片、香油各适量。

【制　作】 将甲鱼宰杀后从头颈处割开，剖腹抽去气管，去内脏，斩去脚爪，入沸水锅中烫水，取出刮去背壳黑黏膜，剁成块，甲鱼壳可与甲鱼肉一同放在汤锅内炖；银耳与黑木耳水发后去杂洗净。锅中加入适量清水，放入甲鱼、银耳、黑木耳、精盐、黄酒、葱段、姜片、香油，用大火煮沸，改用小火慢炖，直至甲鱼肉熟烂入味，拣去葱、生姜即成。

【用　法】 佐餐，随量食用。

【功　效】 美体丰乳，滋阴生津，益气养血。

36. 牛肉大枣汤

【原　料】 牛肉250克，大枣20克，精盐、味精各适量。

【制　作】 将牛肉洗净切成小块，与洗净的大枣一同入锅内，加水适量，炖汤至熟，加入精盐和味精调味即成。

【用　法】 佐餐，随量食用。

【功　效】 健胸丰乳，双补气血，强身健体。

37. 猪蹄香菇汤

【原　料】 大枣30克、黄芪、枸杞子各12克，当归5克，猪前蹄1只、丝瓜300克，豆腐250克，香菇30克，姜、精盐各适量。

【制　作】 将香菇洗净，泡软，去蒂；丝瓜去皮，洗净，切块；豆腐切块，备用；猪前蹄去毛洗净剁块，入开水中煮10分钟，捞起用水冲净；黄芪、当归放入过滤袋中，备用。锅内入药材、猪蹄、香菇、姜片及水，用大火煮沸后，改小火煮至肉熟烂（约1小时），再入丝瓜、豆腐炖5分钟，最后加入精盐调味即成。

【用　法】 佐餐，随量食用。

【功　效】 美体丰乳，补铁养血，活血散寒。

38. 枸杞甲鱼汤

【原　料】 净甲鱼1只（约800克），枸杞子30克，山药30克，精盐、黄酒、葱段、姜片、猪油各适量。

【制　作】 将甲鱼从头颈处割开，剖腹，抽去气管，去内脏，斩

去脚爪，入沸水锅中汆水，取出刮去背壳黑黏膜，剁成数块，甲鱼壳可与甲鱼肉一同放在汤锅内炖；山药洗净，切片，枸杞子去杂，洗净。锅中放入适量清水，放入甲鱼、枸杞子、山药、精盐、黄酒、葱段、姜片、猪油，用大火煮沸后转用小火慢炖至肉熟烂入味，拣去葱、姜片即成。

【用　法】 佐餐，随量食用。

【功　效】 美体丰乳，补铁养血，活血散寒。

39. 灵芝河蚌冰糖汤

【原　料】 灵芝 20 克，蚌肉 250 克，冰糖 30 克。

【制　作】 将灵芝用温水浸软，清洗干净，切成碎末，待用；将蚌肉放入盐水中浸泡 15 分钟，去尽泥沙，用清水洗净；瓦锅加清水，放入灵芝煮 1 小时，去灵芝取汁；蚌肉放入灵芝汁中煮至熟烂，放入冰糖溶化即成。

【用　法】 佐餐，随量食用。

【功　效】 美体丰乳，补铁养血，活血散寒。

40. 墨鱼猪蹄汤

【原　料】 墨鱼 1 条，猪蹄 1 对，黄芪 30 克，葱花、精盐、味精各适量。

【制　作】 将墨鱼洗净，去骨；猪蹄洗净，切块；黄芪洗净。将墨鱼、猪蹄和黄芪一起入锅，加水炖熟烂，去黄芪，加葱花、精盐、味精调味即成。

【用　法】 佐餐，随量食用。

【功　效】 美体丰乳，补铁养血，活血散寒。

41. 木瓜绿豆汤

【原　料】 木瓜 250 克，绿豆 200 克，山药 50 克，精盐、味精各适量。

【制　作】 木瓜洗净去子，切成块，山药洗净切成片，与洗净的绿豆一同放入锅中，加入适量清水，用大火煮沸后转用小火慢炖

至绿豆熟烂，加入精盐、味精调味即成。

【用 法】 佐餐，随量食用。

【功 效】 美体丰乳，补铁养血，活血散寒。

42. 三七木瓜猪蹄汤

【原 料】 猪蹄 2 个，三七 10 克，牛膝 10 克，木瓜 10 克，续断 10 克，当归 10 克，砂仁 4 克，葱段、姜片、精盐各适量。

【制 作】 将猪脚爪去毛，洗净，剁成大块；再将三七、牛膝、木瓜、续断、当归、砂仁洗净，一同放入锅内，加入葱段、姜片和清水适量，用小火煎煮 30 分钟，去渣取汁，加水适量，再将猪蹄放入锅中，用小火炖煮熟烂，加入精盐调味，稍煮即成。

【用 法】 佐餐，随量食用。

【功 效】 美体丰乳，补铁养血，活血散寒。

43. 豆浆芒果鸡蛋汤

【原 料】 豆浆 200 克，芒果 2 个，鸡蛋 2 个，虾仁、鸡脯肉各 150 克，鲜汤、精盐、味精、胡椒粉、姜汁、黄酒、香油、淀粉、香菜、植物油各适量。

【制 作】 将芒果洗净，去皮，果肉切成小丁；鸡蛋磕入碗内，放精盐、清水、淀粉搅匀，蒸成鸡蛋羹；虾仁、鸡脯肉洗净，剁成蓉。炒锅上火，放植物油烧热，倒入豆浆搅匀，煮沸后加入姜汁、虾仁蓉、鸡脯肉蓉及芒果丁后加入鲜汤，煮沸，加入胡椒粉、味精搅匀；鸡蛋羹小心倾倒入虾蓉、鸡蓉、芒果汤内，再放入切碎的香菜末，淋上香油即成。

【用 法】 佐餐，随量食用。

【功 效】 美体丰乳，滋阴生津，益气养血。

44. 甲鱼羊肉汤

【原 料】 甲鱼 1 只(约 750 克)，羊肉 500 克，草果 5 克，生姜、胡椒粉、精盐、味精各适量。

【制 作】 将甲鱼放沸水锅中烫死，剁去头、爪，揭去甲壳，掏

出内脏洗净，切成块。甲鱼肉、羊肉、草果、生姜放入锅内，加清水适量，大火煮沸后，再转用小火炖至肉烂，再加精盐、胡椒粉、味精，搅匀即成。

【用　法】 佐餐，随量食用。

【功　效】 美体丰乳，补肾温阳，益气养血。

45. 蚬肉鸡蛋汤

【原　料】 鸡蛋3个，水发蚬肉200克，精盐、白糖、味精、胡椒粉、鸡油、葱花、姜丝、植物油、鲜汤各适量。

【制　作】 将水发蚬肉洗净，沥干水；将鸡蛋煮熟过凉，剥皮，除去蛋黄，把鸡蛋清切成薄片。炒锅上火，放油烧热，将洗净的蚬肉放入锅内，过油后捞出；锅留底油，上火烧热，下葱花、姜丝煸香，加入鲜汤、精盐、白糖、味精、胡椒粉、鸡蛋清煮沸，放入蚬肉略煮，盛入汤碗内，淋入鸡油即成。

【用　法】 佐餐，随量食用。

【功　效】 美体丰乳，滋阴生津，益气养血。

46. 鲍鱼鸡蛋汤

【原　料】 鸡蛋4个，鲍鱼罐头1听，精盐、味精、黄酒、鲜汤各适量。

【制　作】 将鲍鱼罐头打开，去掉鲍鱼毛边，用原汤洗净，顺长片成梳背片；鸡蛋去黄留清，放入碗中，加精盐、味精、鲜汤调匀，上笼蒸5分钟取出。汤锅上火，放鲜汤煮沸，加入精盐、黄酒和味精调味，倒入汤碗中，再放入蒸好的鸡蛋清和鲍鱼即成。

【用　法】 佐餐，随量食用。

【功　效】 健胸丰乳，双补气血，强身健体。

47. 四仁蛋汤

【原　料】 白果仁、甜杏仁、核桃仁、花生仁各100克，鸡蛋1个，冰糖适量。

【制　作】 将白果仁、核桃仁、甜杏仁、花生仁分别洗净，一起

捣烂。锅放火上，放入适量水，投入捣烂的白果仁、核桃仁、甜杏仁、花生仁，煮沸，淋入打散的鸡蛋液，加冰糖至溶化即成。

【用　法】 佐餐，随量食用。

【功　效】 健胸丰乳，双补气血，强身健体。

48. 鸡蛋豆腐汤

【原　料】 鸡蛋3个，豆腐100克，海带丝10克，湿淀粉、鲜汤、精盐、酱油、味精、香油、胡椒粉、姜末、香菜各适量。

【制　作】 将鸡蛋打入碗内调匀；豆腐切成条。汤锅上火，放入鲜汤、精盐、味精、海带丝、姜末、豆腐条，煮沸后湿淀粉勾芡，淋入鸡蛋和香油，撒上胡椒粉、香菜末，起锅盛入汤碗内即成。

【用　法】 佐餐，随量食用。

【功　效】 健胸丰乳，双补气血，强身健体。

49. 大枣羊肉汤

【原　料】 大枣20克，羊肉500克，胡萝卜50克，枸杞子5克，啤酒、精盐、味精、白糖、香油、香菜末、葱、姜各适量。

【制　作】 将羊肉切块用沸水烫去血污，洗净。锅内加入羊肉、啤酒、用开水浸泡后去核的大枣、挖成球形用盐水烫过的红萝卜、葱、姜，盖上盖，用大火煮沸，在微火上炖1.5小时，加入洗净的枸杞子，再炖煮20分钟，加精盐、白糖、味精调味，拣出葱、姜，原锅上桌即成（上桌时可带一碟用鸡精、精盐、香油调成的汁，配一碟香菜同时上桌）。

【用　法】 佐餐，随量食用。

【功　效】 美体丰乳，补肾温阳，益气养血。

50. 花生猪尾汤

【原　料】 花生仁100克，猪尾1具，丁香、精盐、黄酒各适量。

【制　作】 将花生仁用温水浸泡后捞出；猪尾用火燎至外皮焦黄后刮洗干净；丁香用纱布包扎好。锅上火，加入清水、花生仁、

猪尾、精盐、黄酒、丁香，用大火煮沸后，改用小火炖约 30 分钟即成。

【用　法】 佐餐，随量食用。

【功　效】 健胸丰乳，补肾益精，养颜护肤。

51. 赤小豆冬瓜乌龟汤

【原　料】 赤小豆 60 克，连皮冬瓜 250 克，乌龟 250 克，黄酒、姜片、葱花、味精各适量。

【制　作】 将冬瓜洗净，切块备用；将乌龟去肠杂，洗净切块。炒锅上火，放植物油烧热，下姜片煸香，放入乌龟略煎，烹上黄酒，加水适量，倒入赤小豆，同煮 30 分钟，再放入冬瓜煮 10 分钟，撒上葱花、味精即成。

【用　法】 佐餐，随量食用。

【功　效】 美体丰乳，滋阴生津，益气养血。

52. 赤小豆乌鸡汤

【原　料】 赤小豆 150 克，乌骨鸡 1 只(约 1 500 克)，黄酒、精盐各适量。

【制　作】 将乌骨鸡活杀，去毛，开腹弃肠杂，洗净；将赤小豆洗净后塞满鸡腹，淋上黄酒，以线缝合，置瓷盆中，撒上精盐适量，入锅蒸至熟烂，离火即成。

【用　法】 佐餐，随量食用

【功　效】 健胸丰乳，双补气血，强身健体。